国家中等职业教育改革发展示范校课程改革成果系列教材
天津市中等职业学校布局结构调整与基础能力建设项目

家用制冷设备安装与调试

王　妲　主编

科学出版社
北　京

内 容 简 介

本书主要介绍家用电冰箱及空调器的工作原理、组成结构、维护维修知识，通过单元式的内容设置，展现小型制冷行业从业者必备的理论知识与实践技能。本书立足中职学校制冷专业“小型制冷设备”课程培养目标，结合中职学生特点及我国制冷行业的人才需求，参照工程施工、设备安装、制冷剂等行业标准及制冷设备维修工初中级考核要求进行编写。

本书以培养学生技能水平、职业素质为核心，重视学生技能与能力的训练，注重素质教育与专业技能培养之间的融合，即可作为中职制冷专业的教材，又可作为从事本专业的从业人员的参考资料。

图书在版编目（CIP）数据

家用制冷设备安装与调试 / 王妲主编. —北京：科学出版社，2015
（国家中等职业教育改革发展示范校课程改革成果系列教材）
ISBN 978-7-03-042788-5

Ⅰ. ①家… Ⅱ. ①王… Ⅲ. ①日用电气器具-制冷装置-维修-中等专业学校-教材 ②日用电气器具-制冷装置-调试方法-中等专业学校-教材 Ⅳ. ①TM925.07

中国版本图书馆 CIP 数据核字（2014）第 295977 号

责任编辑：王彦刚 赵 任 / 责任校对：刘玉靖
责任印制：吕春珉 / 封面设计：一克米工作室

科学出版社出版
北京东黄城根北街 16 号
邮政编码：100717
http://www.sciencep.com

北京中科印刷有限公司印刷
科学出版社发行 各地新华书店经销

*

2015 年 2 月第 一 版 开本：787×1092 1/16
2020 年 1 月第四次印刷 印张：9 3/4
字数:200 000

定价:40.00 元

（如有印装质量问题，我社负责调换〈中科〉）
销售部电话 010-62134988 编辑部电话 010-62138978-2016（HF02）

前　　言

为适应我国中等职业教育发展对专业教学改革和教材建设的需要，立足中职学校学生制冷专业的培养目标，注重素质教育与专业技能培养相结合，参照制冷行业工程施工、设备安装、制冷剂国家标准等行业标准，结合中职学生特点及我国制冷行业的人才需求，编写了《家用制冷设备安装与调试》。

本书是制冷和空调设备运行与维修专业的必修课程教材，也是该专业的核心课程教材。本书共分电冰箱、空调器两大部分，电冰箱部分包括“电冰箱基础知识”、“电冰箱原理及结构”、“电冰箱的维修”、“简易电冰箱的制作”4 个学习单元；空调器部分包括“空调器基础知识”、“空调器结构原理”、“空调器的维修操作”、“简易空调器的制作”4 个学习单元。本书具有如下特点：

1．编写体例突破传统教材模式，把课程改革的理念贯穿于教材始终，在理论学习单元完成后进行综合实训项目的教学，通过教学模型的制作，实现理论与实践的统一，原理与技能的统一，力求增强教学内容的实用性和针对性，力图充分体现岗位的技能需求和满足行业人才培养需求。

2．教材内容新颖，贴近岗位实际，围绕电冰箱、空调器安装工及维修工岗位进行设计，精心设计各知识点及技能训练项目。同时关注学生的就业方向及实际岗位需求，强调职业能力和专业技能的培养。

3．写作方法注重实务，教学做一体。本书分为 8 个学习单元，内容安排上将必要的理论知识与综合实训项目相结合，通过“成品制作”锻炼全面的实践技能，体现系统的理论知识，快速明确学生的就业方向及培养操作技能。

本书关注我国制冷专业技能岗位不同人才层次和规格的多样化需求，不仅适合职业院校制冷专业学生使用，还可作为制冷企业相关技能岗位工作人员的培训教材。本教材建议 108 学时，学时分配见下表（供参考）。

学习单元	课程内容	建议学时
一	电冰箱基础知识	6
二	电冰箱的原理及结构	14
三	电冰箱的维修	16
四	简易电冰箱的制作	18
五	空调器基础知识	8
六	空调器结构原理	14
七	空调器的维修操作	14
八	简易空调器的制作	18
总计		108

本书由王妲主编，并负责全书的统稿工作。具体写作分工如下：电冰箱部分学习单元一、二由刘延斌负责编写，电冰箱部分学习单元三、四由王妲负责编写，空调器部分学习单元五、六由赵建勋负责编写，空调器部分学习单元七、八由夏彬负责编写。

本书在编写过程中，参阅、借鉴、引用了《小型制冷设备原理与维修》、《小型制冷与空调装置》等书刊资料及业界研究成果，在文字校稿、内容选择等方面得到了张宝庆、黄美杰的大力协助，特此感谢。同时由于编者水平有限，书中难免有疏漏和不足之处，恳请专家、同行和读者予以批评指正。

目　　录

学习单元一 电冰箱基本知识

在人们生活质量不断提高的今天，电冰箱在我们的日常生活中已经被广泛使用。同时，随着科技的进步与发展，电冰箱的功能逐渐强大。本单元以家用电冰箱的分类、选购和使用为重点，全面的介绍家用电冰箱的基本知识。通过本单元的学习，要掌握以下内容：

1．家用电冰箱的功能及分类方式。

2．家用电冰箱型号的命名方法。

3．家用电冰箱的选购和日常使用技巧。

项目一　电冰箱基础知识

任务书

- 了解电冰箱的功能，能够分清不同类型的电冰箱，并掌握其特点和应用。
- 能够根据电冰箱的型号来确定相关参数。

一、电冰箱的功能

家用电冰箱具有制冷、保温、控温三项基本功能。

1）制冷：制冷就是使箱内空间达到冷藏、冷冻所需要的低温环境条件，是电冰箱的首要功能。

2）保温：尽可能减少外界热量传入箱内，维持箱内的低温条件。

3）控温：使箱内的温度控制在指定的温度范围之内，满足冷冻、冷藏食品的需要。

电冰箱在整体结构上具有相应的三个部分来实现上述三项基本功能，分别是制冷系统、隔热保温系统和电气控制系统。

二、电冰箱的分类

电冰箱根据其箱门数量、用途、箱体结构等不同分类标准，可以有很多种分类方式。

1. 按箱门数量分

（1）单门电冰箱

单门电冰箱只设一个箱门，以冷藏为主，有些在冰箱上部由蒸发器围起一个小冷冻室，使温度降低，储存冷冻食品。常见的单门电冰箱如图 1.1 所示。

图 1.1　单门电冰箱

（2）双门电冰箱

双门电冰箱有两个箱门，一般为立式，两个箱门可上下分别开启或者左右分别开启。常见的双门电冰箱如图 1.2 所示。

图 1.2　双门电冰箱

（3）三门电冰箱

三门电冰箱有三个可分别开启的箱门，分别对应三个温区，适合储存不同温度要求的食品。各贮藏室的功能分开，从而使存取食品时互不影响，保证冷冻冷藏质量。常见的三门电冰箱如图 1.3 所示。

（4）四门或多门电冰箱

四门或多门电冰箱箱门位置可以有多种方式。从功能上来讲，四门或四门以上电冰箱可以设置冷冻室、冷藏室、制冰室、变温室等不同的贮藏室，通过不同的温度区来满足不同的功能要求。此类电冰箱容积较大，耗电量较多，且制冷方式多为风冷。常见的

四门电冰箱如图 1.4 所示。

2. 按用途分

（1）冷藏箱

冷藏箱主要用于冷藏保鲜，如冷藏食品、饮料和药品等，箱内温度保持在 0～10℃范围内。大多数冷藏箱有两个贮藏室，一个是冷藏箱主室，一个是位于箱体内上部的冷冻食品贮藏室。冷冻食品贮藏室温度为：−6～−18℃，可以冷冻储存少量冷冻食品或制作少量冰块。这类电冰箱通常做成单门直冷式，如图 1.5 所示。

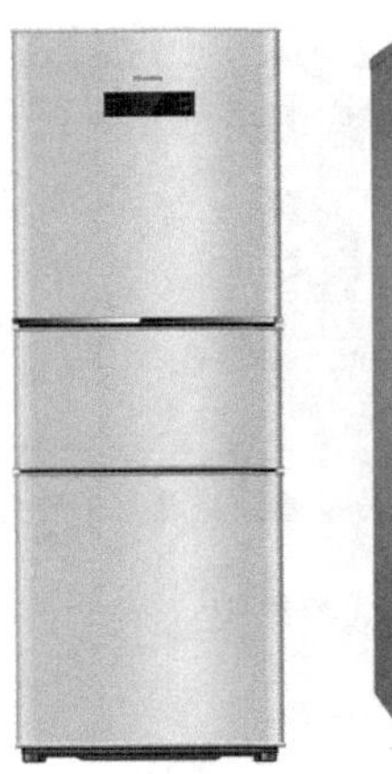

图 1.3　三门电冰箱

图 1.4　四门电冰箱

图 1.5　单门冷藏箱

（2）冷冻箱

冷冻箱专门用于冷冻食品和储存冷冻食品，箱内温度在−18℃以下，储存期可达 3 个月。冷冻箱箱体有立式和卧式两种，单门立式冷冻箱如图 1.6 所示。

图 1.6 单门立式冷冻箱

(3) 冷藏冷冻箱

冷藏冷冻箱一般是双门或多门形式，兼有冷藏保鲜和冷冻功能。它设有两个或两个以上不同温度的贮藏室，其中至少有一个贮藏室为冷藏室或冷冻室，分别用于冷却贮藏和冷冻贮藏食物。冷藏室和冷冻室之间彼此隔热，各自分别设置且可分别开启。一般情况下，冷藏室温度在0～10℃之间，冷冻室温度在－18～－24℃之间。

3. 按箱体结构分

(1) 凸背式电冰箱

凸背式电冰箱采用外挂式冷凝器，一般在箱体的外部，如图 1.7（a）所示。优点是散热效果好，缺点是表面容易积灰，冷凝器易损坏，外表不美观。

(2) 平背式电冰箱

平背式电冰箱采用内藏式冷凝器，在绝热夹层内，如图 1.7（b）所示。优点是外壳平整美观、噪声低，缺点是散热效果不如凸背式电冰箱。

(a) 凸背式电冰箱

(b) 平背式电冰箱

图 1.7 凸背式和平背式电冰箱

4. 按冷却方式分

(1) 直冷式电冰箱

直冷式电冰箱又称有霜电冰箱，因冷藏室与冷冻室各有一个蒸发器，蒸发器内的食物直接吸收蒸发器的冷量，进行冷却降温。直冷式电冰箱是根据冷热空气的密度不同，使空气在箱内形成自然对流从而进行热交换的，但箱内食物水分会在蒸发器周围结成霜。直冷式电冰箱结构如图 1.8（a）所示。

(2) 间冷式电冰箱

间冷式电冰箱依靠箱内风扇强制使空气对流循环与蒸发器进行热交换，对所贮藏的

食物实现间接冷却。这类电冰箱与双门直冷式电冰箱的主要区别在于这种电冰箱只有一个蒸发器，称为翅片管式蒸发器。间冷式电冰箱箱内水分被空气带到隔层中的蒸发器表面凝聚而结霜，从蒸发器送出的是干燥的冷空气，所以箱内冷冻室和冷藏室内表面上都无霜，只在隔层中的蒸发器表面结霜，故称无霜式电冰箱，其除霜方法采用自动除霜或半自动除霜。间冷式电冰箱结构如图 1.8（b）所示。

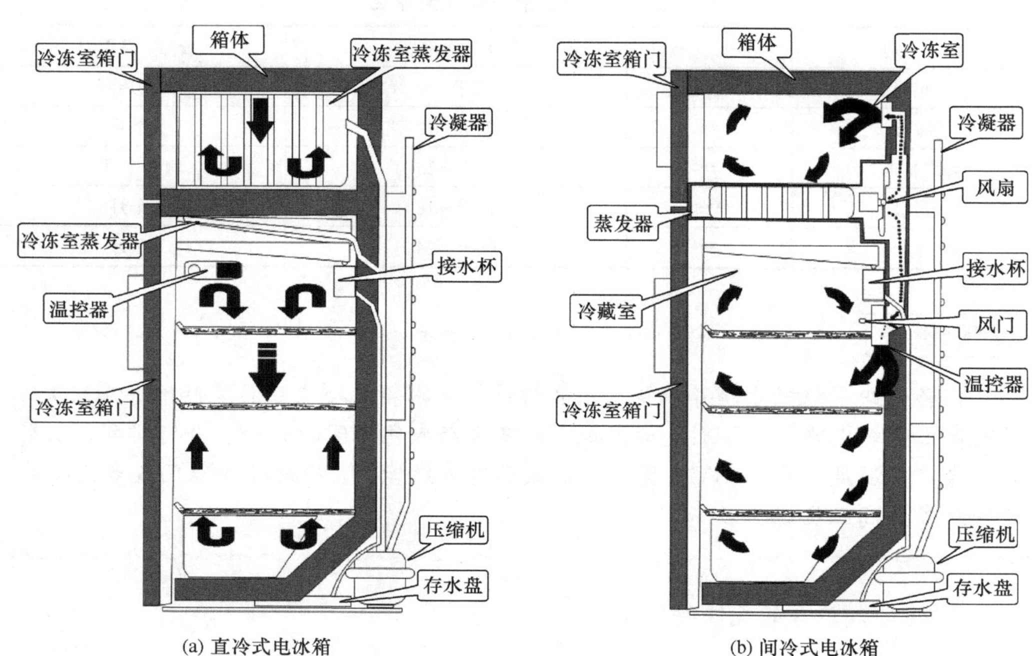

(a) 直冷式电冰箱　　(b) 间冷式电冰箱

图 1.8　直冷式和间冷式电冰箱结构

（3）直冷间冷混合式电冰箱

直冷、间冷混合式电冰箱即直冷和间冷同时存在于一个冰箱中：冷藏室一般采用直冷，冷冻室为风冷；或者冷藏、冷冻室直冷，中门风冷。这类电冰箱性能良好，一般用电子温控装置，混合式制冷方式多应用于多门豪华电冰箱。

间冷式电冰箱、直冷式电冰箱与直冷间冷混合式电冰箱性能对比见表 1.1。

表 1.1　间冷式、直冷式和直冷间冷混合式三种电冰箱性能对比

制冷方式	优　　点	缺　　点
直冷式	1．结构简单； 2．冻结速度慢； 3．耗电少	1．制冷速度慢； 2．箱内温度不均匀； 3．蒸发器易结霜，除霜麻烦
间冷式	1．制冷速度快，制冷均匀，食物冻得快，保鲜效果好； 2．风冷无霜，无需人工除霜； 3．冰箱内部干净，不会出现食品粘连现象	1．耗电量较大； 2．价格较高
混合式	既具有速冻功能、冷冻室不结霜等优点，同时主蒸发器又可自动除霜	价格高、结构复杂

5. 按冷冻室温度分

按照电冰箱内温度的高低，制定了四种星级的电冰箱标准。一般，电冰箱星级越多，电冰箱内温度就越低，电冰箱星级分类标准如表 1.2 所示。

表 1.2 电冰箱星级分类标准

级　别	符　号	冷冻室温度/℃	食品贮藏期限
一星级	*	低于－6	一周
二星级	**	低于－12	1 个月
高二星级	**	低于－15	1.8 个月
三星级	***	低于－18	3 个月
四星级	****	低于－24	6 个月

知识链接

俗称的四星级电冰箱并不是真正的四星级电冰箱（冷冻室温度低于－24℃），而是高三星级电冰箱，区别是标志框中的三星与底色不同的另一星并行排列，三星表示冷冻室温度低于－18℃，另一星则表示有冻结能力。冷冻箱和双门或多门冷冻冷藏箱多为高三星级。

6. 按电冰箱适合的气候类型分

按照电冰箱适合的环境温度，可将电冰箱适合的气候类型分为四种，在冰箱的参数牌上都会有体现，分类方式如表 1.3 所示。

表 1.3 电冰箱适合的气候类型分类标准

气候类型	代　号	环境温度	气候类型	代　号	环境温度
亚温带型	SN	10～32℃	亚热带型	ST	18～38℃
温带型	N	16～32℃	热带型	T	18～43℃

7. 按控制方式分

（1）机械温控电冰箱

机械温控电冰箱通过手动调节温控器挡位，进行箱内温度的控制。这种电冰箱价格相对便宜，但是控温不精确，箱内温差较大。

（2）电子温控电冰箱

电子温控电冰箱利用电子感温探头控制箱内温度，控制灵敏，温度精确，但控制系统没有综合功能，不具备人工智能。制冷系统为单循环，不能分别调节冷藏室和冷冻室的温度，只能模糊控制并显示温度。

（3）微电脑温控电冰箱

微电脑温控电冰箱的整个系统由微电脑控制，温度稳定，控温精确，控制系统可实现人工智能。微电脑芯片对电冰箱工作参数进行精确计算，自动运行，精确控温，可以人工设定，精确控制到每一度。带电磁阀的双温双控电冰箱冷藏室、冷冻室的温度可以分开调节。

三、电冰箱型号命名

在选择一款家用电冰箱时，可以通过电冰箱的型号了解电冰箱的基本情况。一般情况下，电冰箱的基本型号表示方法如下。

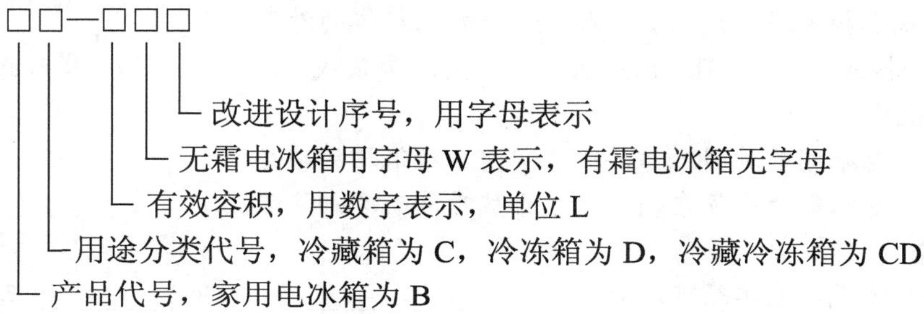

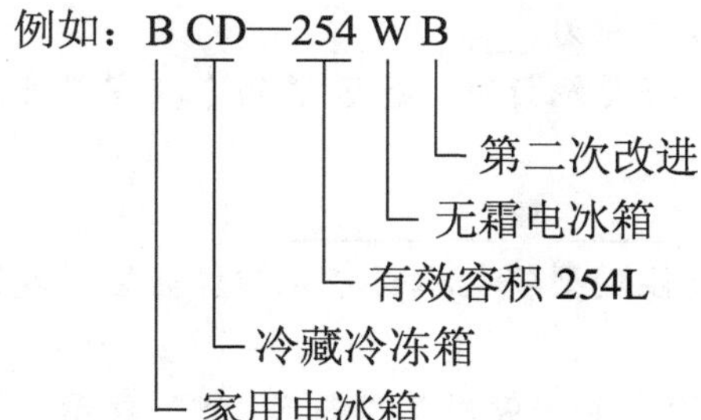

知识链接

电冰箱有效容积：

指箱内的毛容积减去冰箱内部部件和一些不能储存食品的空间容积后所剩余的容积。

课后练习

一、单项选择题

1. 直冷式电冰箱又称（　　）。

A. 有霜电冰箱　　B. 三门电冰箱　　C. 冷藏箱　　D. 有霜电冰箱

2. 标有三星标志的家用电冰箱，其冷冻室温度应达到（　　）。

A. －6℃　　B. －12℃　　C. －18℃　　D. －28℃

3. 电冰箱用途分类代号C表示（　　）。

A. 冷藏箱　　B. 冷冻箱　　C. 冷藏冷冻箱　　D. 速冻箱

4.（　　）就是把箱内的温度控制在指定的温度范围之内，满足冷冻、冷藏食品的需要。

A. 制冷　　B. 保温　　C. 控温

5.（　　）主要用于冷藏保鲜，如冷藏食品、饮料和药品等。

A. 冷冻箱　　B. 集装箱　　C. 冷藏箱　　D. 冷藏冷冻箱

6. 普通冷藏冷冻箱的冷冻室温度在（　　）之间。

A. −10～−16℃　　B. 0～−10℃　　C. −24℃以下　　D. −18～−24℃

7. 凸背式冰箱采用（　　）冷凝器，一般在箱体的外部。

A. 外挂式　　B. 内藏式　　C. 吊顶式　　D. 嵌入式

二、判断题

1. 间冷式电冰箱长时间工作，冷冻室内会结很厚的霜层。（　　）
2. 间冷式电冰箱使空气在箱内形成自然对流而冷却降温。（　　）

三、填空题

1. 按冷却方式，电冰箱可以分为__________、__________和__________三种。
2. 按箱体结构，电冰箱可以分为凸背式和__________。
3. BCD-180表示家用__________箱，有效容积为__________。
4. 双门电冰箱被广泛使用，选购时，应根据星级标准选择合适的冷冻室温度，一般来说，星级越高，耗电量将__________。
5. 电冰箱按用途可分为__________、__________和__________。
6. 我国家用电冰箱国家标准根据适用的气候类型将电冰箱分为四种类型，我国东北、新疆等地区适用______________型电冰箱。
7. 冰箱的冷度一般用星型符号“*”表示，一个“*”表示______℃。
8. 电冰箱的型号中，C指______，D指______。

四、思考题

某电冰箱铭牌如图1.9所示。

型号	BCD-248WBJZ	额定电压	220V~
星级标志	✻***	额定频率	50Hz
气候类型	SN·N·ST	输入总功率	120W
防触电保护类别	I类	化霜输入功率	100W
总有效容积	248L	额定耗电量	0.59kW·h/24h
冷冻室有效容积	65L	噪声(声功率级)	38dB(A)
变温室有效容积	43L	冷冻能力	15kg/24h
发泡剂	环戊烷	制冷剂	R600a 49g
重量	78kg	额定输入电流	1.5A
灯最大额定输入功率			1W

图1.9　某电冰箱铭牌

1. 从用途上讲，该电冰箱属于哪种类型？
2. 该电冰箱适用于哪种气候类型？
3. 该电冰箱冷冻室属于几星级，有无速冻功能？

项目二　电冰箱的选购和使用

任务书

- 掌握电冰箱的选购技巧。
- 掌握电冰箱日常使用的方法及注意事项。

一、电冰箱的选购

1. 选购电冰箱时应考虑的因素

选购电冰箱要根据家庭的实际需要，并不是电冰箱越大、越贵、功能越多就越实用。要想选择一款合适的电冰箱，可以从以下几方面来进行考虑。

1）容积：按照国家电冰箱标准，产品标签上所标注的是有效容积，即实际可用于储存食品的容积。一般来说，每人需要的电冰箱容积约为 50L 左右，四口之家以 200L 为宜。但随着人们生活水平的提高及生活方式的改变，人们对于电冰箱容量的要求越来越大，特别是冷冻室。因此，选购时要结合自己家庭的实际情况以及生活方式来考虑。

2）冷冻力：冷冻力是衡量电冰箱性能的一项重要技术指标，但选购电冰箱时不能认为冷冻力越大越好，过大的冷冻力不仅会增加用电量，而且会破坏食品的营养和内部的组织结构。

知识链接

冷冻能力是指电冰箱在指定试验条件下，每 24 小时对冷冻食品的冻结能力。电冰箱的铭牌上标有冷冻能力数值，每 100L 容积的冷冻室，其冷冻能力每 24 小时不应小于 2 千克。

3）耗电量：电冰箱的耗电量也是一个相当重要的性能指标，有人认为“电冰箱越省电越好”，其实要达到最佳的保鲜效果和最佳能效比，必须有最优化的结构和制冷设计。通过增加保温层（成本相应有所增加）和采用新技术提高能效比，均可以达到节省电量的目的，不能片面地强调电冰箱“越省电越好”。一般来说，耗电量也和容量有关，大容量的电冰箱耗电量也会相应的增大。

4）结构与设计：合理的结构和设计可以提高电冰箱的性能。如两侧的平背式散热管可以提高散热效率、保护散热管、防音隔尘、节省空间。

5）售后服务：除选择一款质量可靠的电冰箱外，良好的售后服务也需要考虑。可以从维修费用、保修时限、维修速度、维修服务的全面性以及周到性等方面衡量厂家的售后服务水平。

2. 选购电冰箱时应做的检查

（1）通电前检查

1）外观检查：开启包装箱后，首先检查箱体、箱门及顶框等处是否存在碰伤、碰坏之处；然后观察整个外表面，外表面应均匀发亮，不应有麻点、气泡和明显的划痕，电镀件应光亮细密，不应有镀层脱落或生锈之处，此外还应注意塑料装饰件，尤其是拐角处有没有损坏。

2）内部检查：首先检查门封，质量好的门封会有很好的吸合力，开启箱门时，会明显感到有阻力；然后检查冷冻室和冷藏室，冷冻室多是由铝板制作而成，检查时注意铝板有无裂痕、是否平整、过渡角是否圆滑、内胆镀板薄厚是否均匀，检查冷藏室时，要重点注意温控器是否转动灵活，化霜按钮按下，是否能迅速反弹回来；最后查看说明书，核对配件（如制冰盒、果蔬盘，除霜铲等）是否齐全。

（2）通电检查

通电前检查后，可连通电源，进行如下检查。

1）打开箱门，用手拨动门开关，检查门开关和灯泡是否正常。

2）接通电源一瞬间，注意压缩机的启动性能，是否能一次启动。

3）运行几分钟后，用手触摸电冰箱冷凝器，应有明显热感，而且热得越快越好，而回气管则有明显的冷感（若回气管无冷感则说明电冰箱的性能比较差；若回气管结霜，说明制冷过多，会增大耗电量，同时影响制冷效果）。

4）运行20～30分钟后，检查蒸发器表面是否有一层薄而均匀的霜层，若蒸发器上结霜不均匀或某一部位不结霜，则说明电冰箱的制冷性能较差。

二、电冰箱的日常使用

1. 电冰箱搬运注意事项

电冰箱搬运时应保持竖直，从冰箱底部搬起，不可着力于电冰箱门把手、冷凝器等处。往复式压缩机的电冰箱搬运时倾角不可大于45°，否则可能损坏压缩机的平衡弹簧。电冰箱搬运后应静置2个小时以上再开机，防止搬运时震荡出来的润滑油停留在系统中。

注意：无论使用哪种压缩机的电冰箱都不可倒置，若倒置会使压缩机底部的润滑油进入制冷管道，影响制冷效果。

2. 电冰箱放置位置要适当

电冰箱放置应平稳，若地面不平可调节电冰箱地脚螺钉。放置位置应选择通风良好、易于散热的地方，远离热源和阳光直射，避免水浸和雨淋，同时注意箱体距墙壁距离应大于100mm，顶部空间大于300mm。

3. 新买的电冰箱不要立即开机

新买的电冰箱刚搬进家不要立即开机，否则容易产生油路故障。接通电源后要仔细听压缩机在启动和运行时的声音是否正常，是否有管路互相碰击的声音，若有异常，应立即切断电源与专业的修理人员联系。如果使用中的电冰箱因为意外（比如停电）停机，则必须在停机5分钟以后才能再开机，否则容易烧坏电机。

4. 季节变化不忘记调节温度

电冰箱在使用过程中，其工作时间和耗电量受环境温度影响很大，因此需要在不同的季节选择不同的挡位使用，这样既节能又减少压缩机磨损，延长了电冰箱的使用寿命。夏季环境温度高时，应定在2～3挡使用，冬季一般挡位要定到4挡以上。

电冰箱不要放在低于5℃的环境下使用，否则电冰箱不易启动。为了避免冬季不开

机或开机时间短，一般电冰箱专门设计有一套低温补偿或切换装置。在环境温度低于16℃时，需要打开电冰箱的低温补偿或切换开关，并将温控器调至偏强挡位。夏季环境温度较高时，需关闭温度补偿开关。

5. 小心使用也能省电

电冰箱铭牌标定的耗电量值是在国家标准 GB/T8059.4 规定的环境下（环境温度为25℃、相对湿度在 45%～75%之间、空气流速低于 0.25m/s）电冰箱稳定运行后测试的，实际电冰箱耗电量根据使用环境条件的不同有很大变化。一般来说，环境温度越高、电冰箱内放置的东西越多、开关门的次数越多，电冰箱的使用环境散热性越差、压缩机工作时间越长，耗电量自然也就增大。所以，在使用中如果处处留心，也可省电。一是按环境温度调整温度调节旋钮；二是尽量将电冰箱放置在无热源、通风良好的地方，周围留有足够的散热空间；三是尽量减少电冰箱开门次数，缩短开门时间，门要关到位；四是热的食品要冷却后再放入电冰箱，水分大的食品要用密封包装，箱内要留有一定的空间。

6. 讲究使用中的细节

电冰箱在使用中需要注意的细节很多，比如，食物不可生熟混放在一起，以保持卫生；要把食物放在器皿里放入电冰箱，以免冻结在蒸发器上，不便取出；鲜鱼、肉要用塑料袋封装后，在冷冻室贮藏；蔬菜、水果要把外表面水分擦干再放入冷藏室，以 0～10℃储存为宜；不要把瓶装液体饮料放进冷冻室，以免冻裂包装瓶；瓶装液体饮料应放在冷藏箱内或门搁架上；家用电冰箱不宜同时贮藏化学药品，中药材放置在冰箱时，一定要严格密封，否则会破坏药性。

7. 注意食品保存时间

电冰箱并不是保险箱，食物即使存放在电冰箱冷冻室中，如果时间过长，也仍然会变质和腐烂。一般来说冷藏箱只能保鲜，只能作为短时间的储存使用，长时间储存食品则应放在冷冻室。但冷冻食品也有一定的存放时间，不同冷冻能力的电冰箱，各种食物存放的时间不同，可按照说明书的保存期限存放。

8. 定期除霜很重要

如果使用的电冰箱是不能自动除霜的，冷藏室后背上则很容易结霜。在夏季由于环境湿度大，结霜速度会更快些，这是正常现象。最好一个月进行一次除霜，说明书中通常都写明了除霜办法。清理时最好用电冰箱配备的除霜工具，如果没有，可以用塑料器件，一定不要用尖锐的金属器件，以防损伤内胆或管路。冬季可以适当延长除霜时间，除霜的时候可顺便将电冰箱清理一下。为减少结霜，使用中还需要尽量减少开门次数和开门时间，门要关严；冷藏室里如果放水分较大的食品，最好用保鲜袋密封，注意保持电冰箱排水口通畅。

9. 定期清洁保健康

定期清洁对电冰箱的使用很重要，每年至少两次，最好一个月一次对电冰箱进行清洁。清洁时要先切断电源，用软布蘸上清水或食具洗洁精，轻轻擦洗，然后用清水将洗洁精拭去。清洁完毕，将电源插头牢牢插好，检查温度控制器是否设定在正确位置。电冰箱长时间不使用时，应拔下电源插头，将箱内擦拭干净，待箱内充分干燥后，关好箱门。

课后练习

一、单项选择题

1. 下列关于风冷电冰箱和直冷电冰箱的优缺点说法错误的是（　　）。

A. 风冷电冰箱不用除霜　　B. 风冷电冰箱耗电量大于直冷电冰箱

C. 风冷电冰箱比直冷电冰箱更静音　　D. 直冷电冰箱保湿效果更好

2. 下列操作合理的是（　　）。

A. 将热的食物放进电冰箱　　B. 天气热了打开电冰箱降温

C. 尽量少的开电冰箱门　　D. 电冰箱放置于墙角，紧贴墙壁

3. 清洗电冰箱时，最好采用（　　）。

A. 清水　　B. 汽油　　C. 酒精　　D. 硬刷

二、判断题

1. 为节省空间，电冰箱最好贴墙放置。（　　）
2. 当电冰箱蒸发器上结霜较厚时，应及时除霜。（　　）
3. 电冰箱如果停机后立即启动，有可能烧毁压缩机电机。（　　）
4. 热的食物应立即放进电冰箱，加速食物的降温。（　　）
5. 潮湿的食物不宜放进电冰箱内贮藏。（　　）
6. 玻璃瓶饮料应放在箱门的搁架上，不宜放在冷冻室。（　　）
7. 频繁的开关电冰箱门会增加电冰箱负荷。（　　）
8. 市场上出售的所谓“无氟电冰箱”就是没有制冷剂的电冰箱。（　　）

学习单元二 电冰箱的原理及结构

掌握电冰箱的原理及结构是对电冰箱进行故障排除与维修的基础，本单元从理论的角度，剖析电冰箱的工作原理及结构，讲述电冰箱制冷系统与电气控制系统的工作过程。通过本单元的学习，要掌握以下内容：

1．蒸汽压缩式电冰箱的工作原理。

2．电冰箱制冷系统与电气控制系统零部件的结构与作用。

3．单门直冷式、双门直冷式、双门间冷式电冰箱的结构及其制冷系统组成和电气控制系统的控制方式。

项目一　电冰箱工作原理

任务书

- 了解吸收式电冰箱、半导体电冰箱的原理及应用。
- 掌握蒸汽压缩式电冰箱的制冷原理。

自 1910 年世界上第一台压缩式制冷的家用电冰箱在美国问世以来，电冰箱技术不断发展与更新，尤其是近十几年来新型电冰箱不断问世，各种类型的电冰箱层出不穷。从工作原理上来说，现阶段常见的电冰箱主要有吸收式电冰箱、半导体电冰箱和蒸汽压缩式电冰箱。

一、吸收式电冰箱

吸收式电冰箱采用吸收式制冷工作方式，利用热源（例如煤气、天然气）作为动力，常用氨作为制冷剂，利用氨-水-氢混合溶液在连续吸收-扩散的过程中达到制冷的目的。这种电冰箱无噪声、无污染、性能可靠、结构简单、成本低，在对工作噪声要求较高的场所应用较多，例如星级酒店的客房、医院的病房及高档办公区的会议室等。

二、半导体电冰箱

半导体电冰箱是根据半导体温差电效应制成的一种制冷装置，它将P型半导体和N型半导体制成电偶，接通直流电后，在节点处产生放热和吸热现象，从而达到制冷的目的。这种电冰箱在工作过程中无机械运动、无磨损、无噪声、无污染，但其制冷效率低、制冷量小，一般仅用于几十升的小容器及医药、生物工程的专用设备。

三、蒸汽压缩式电冰箱

蒸汽压缩式电冰箱依靠低沸点的液态制冷剂在汽化时吸热从而达到制冷的目的。这种电冰箱的生产技术成熟、使用方便、寿命长、制冷效果好，是目前生产和使用最多的电冰箱，一般家用电冰箱均为此类型。

1. 系统组成

蒸汽压缩式电冰箱制冷系统组成如图2.1所示，该系统主要由制冷压缩机、冷凝器、干燥过滤器、毛细管、蒸发器五部分组成。各部分之间通过制冷管道连接起来，构成一个封闭的系统，系统内部充有适当的制冷剂（例如R134a、R12、R600a），当电冰箱工作时制冷剂在此封闭系统内循环流动，并在蒸发器内完成制冷过程。

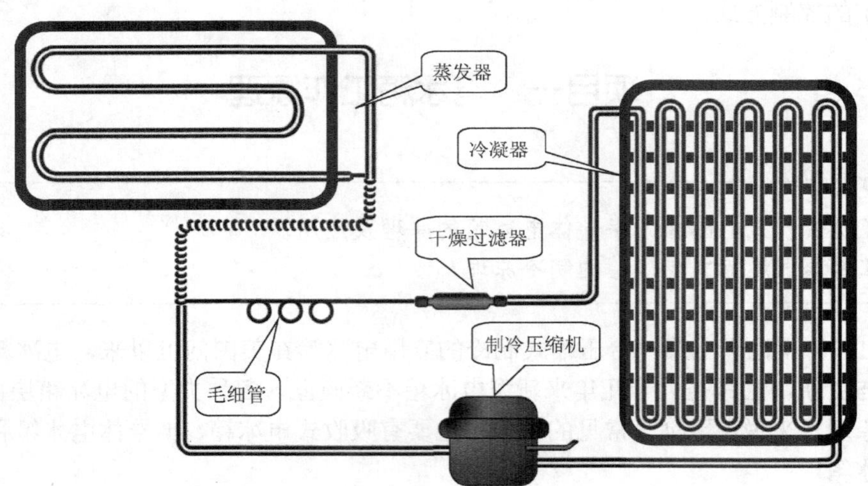

图2.1 蒸汽压缩式电冰箱制冷系统组成示意图

2. 工作过程

蒸汽压缩式电冰箱通过将箱内热量转移到箱外，完成制冷过程。而热量的转移是依靠制冷剂在系统内的循环流动来完成的，制冷剂的一次循环主要包括四个变化过程。

1）压缩过程：此过程在制冷压缩机内完成。低压低温状态的制冷剂被压缩机吸入，经过压缩后成为高温高压过热蒸汽排入冷凝器。

2）冷凝过程：此过程在冷凝器内完成。高温高压的制冷剂气体在冷凝器内放热，温度降低，在高压下冷凝成为常温高压的液态制冷剂。

3）节流过程：此过程在毛细管内完成。高压状态的制冷剂液体经过毛细管节流后，压力降低到蒸发压力，一部分液体转化为蒸气。蒸发压力的大小决定了制冷剂的蒸发温度，而毛细管的长短、粗细决定了蒸发压力的大小。

4）蒸发过程：此过程在蒸发器内完成。经过毛细管降压后的制冷剂液体其蒸发温度（沸点）也随之降低，低压的制冷剂液体在蒸发器内会产生沸腾现象，吸收蒸发器周围的热量从而达到制冷效果。气化后产生的低温低压的制冷剂气体进入压缩机，继续下一个制冷循环。

干燥过滤器位于冷凝器与毛细管之间，起到吸收水分与过滤杂质的作用，能够有效防止毛细管的堵塞。

在整个制冷过程中，各个部件的功能及制冷剂在各部件中的压力、温度、物态变化如表 2.1 所示。

表 2.1　蒸汽压缩式电冰箱各部件的功能及制冷剂状态变化

部　件	功　能	制冷剂状态变化		
		物态变化	压力变化	温度变化
压缩机	提高制冷剂气体的压力和温度，促使制冷剂在系统中进行循环	气态-气态	低压-高压	低温-高温
冷凝器	制冷剂气体在冷凝器内放热，从而凝结成液体	气态-液态（放热）	高压	高温-常温
干燥过滤器	滤除制冷剂中的水分和杂质	液态	高压	常温
毛细管	降低制冷剂液体压力，同时调节制冷剂流量	液态-气液混合	高压-低压	常温-低温
蒸发器	低压液态制冷剂在蒸发器内气化吸热，从而完成制冷过程	气液混合-气态（吸热）	低压	低温

蒸发器与冷凝器作为电冰箱的换热器，进行室内外热量的交换。蒸发器位于电冰箱箱体内部，冷凝器位于电冰箱箱体外部或保温层与外壳之间，制冷剂从蒸发器位置吸收热量，通过冷凝器向外放热，即通过制冷剂的循环流动，将箱体内的热量传递到箱外，从而降低箱内温度，实现制冷。

不同类型的蒸汽压缩式电冰箱其制冷过程并不完全相同，但都是以这五个部分为基础，其制冷原理基本相似。

课后练习

一、单项选择题

1. 毛细管用于控制（　　）的供液量。

A. 制冷压缩机　　B. 干燥过滤器　　C. 冷凝器　　D. 蒸发器

2. 制冷剂经过冷凝器冷凝后变成（　　）。

A. 高压高温液态　　B. 高压中温液态

C. 高压中温气态　　D. 高压高温气态

3. 将过热蒸汽变为过冷液体是由（　　）来完成的。

A. 制冷压缩机　　B. 节流装置　　C. 冷凝器　　D. 蒸发器

4. 下列属于电冰箱回热循环的措施是（　　）。

A. 压缩机压缩制冷剂气体　　B. 使用干燥过滤器

C. 将毛细管和低压回气管缠绕在一起　　D. 利用铝复合板增加蒸发器面积

5. 制冷系统中制冷剂从毛细管喷口到蒸发器的状态变化为（　　）。

A. 液态变为气态　　B. 液态变为固态

C. 气态变为液态　　D. 固态变为气态

二、判断题

1. 电冰箱的外箱都是组装拼接而成，以便于维修。（　　）
2. 蒸发器的主要作用是散热。（　　）
3. 制冷压缩机是制冷系统的辅助装置。（　　）
4. 制冷压缩机是一种把电能转变为机械能，机械能转变为热能的机械装置。（　　）
5. 制冷剂在冷凝器中吸收被冷却物质的热量，实现人工制冷的目的。（　　）
6. 家用电冰箱外置的冷凝器为增强辐射能力，加工成黑色。（　　）

三、填空题

1. 电冰箱外箱以钢板为材料，其结构形式可分为＿＿＿＿＿＿和＿＿＿＿＿＿。
2. 制冷四大件是指＿＿＿＿＿＿、冷凝器、节流器、＿＿＿＿＿＿。

项目二　电冰箱结构

任务书

- 认识电冰箱外观，掌握电冰箱箱体及门体的组成结构。
- 掌握单门直冷式、双门直冷式和双门间冷式电冰箱的结构。

一、电冰箱的结构及组成

电冰箱的外部结构主要由保温箱体、保温门体及应用附件组成，箱体与门体之间通过铰链相连，并加以密封。不同类型的电冰箱其外观有很大区别，但基本结构类似。普通双门直冷式电冰箱如图 2.2 所示。

1. 箱体

电冰箱箱体多采用钢板，分为整体式和拼装式两种。

（1）整体式

整体式电冰箱多为美国和日本厂家生产，其外壳的组成方式有两种。一种是将底板与左右侧板弯折成正“U”字形，然后与后板、斜板点焊成一体；另一种是将顶板与左右侧板弯折成倒“U”字形，然后与后板、斜板点焊成箱体。整体式电冰箱箱体

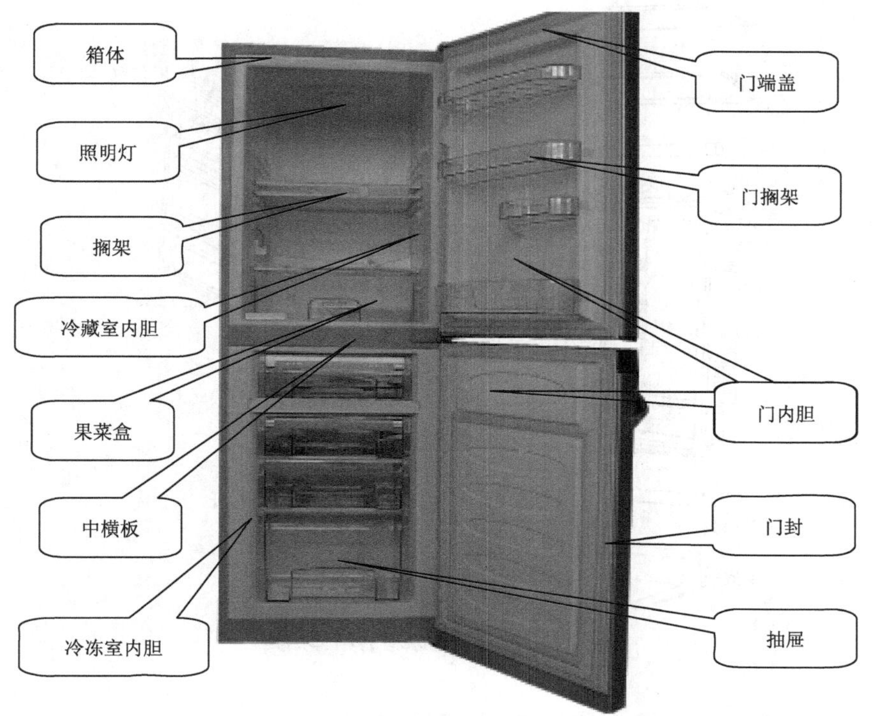

图 2.2　普通双门直冷式电冰箱

结构如图 2.3 所示。

（2）拼装式

拼装式电冰箱多为欧洲厂家生产，其箱体由中、侧、后、斜板及其他附件拼接组成。其优点是不需要大型折弯设备，箱体规格容易变化，适应于多规格、多系列的产品；缺点是对每块侧板要求高，强度不如整体式。我国引进的电冰箱生产设备以欧洲厂家的居多，电冰箱结构以拼装式结构为主。拼装式电冰箱的箱体结构如图 2.4 所示。

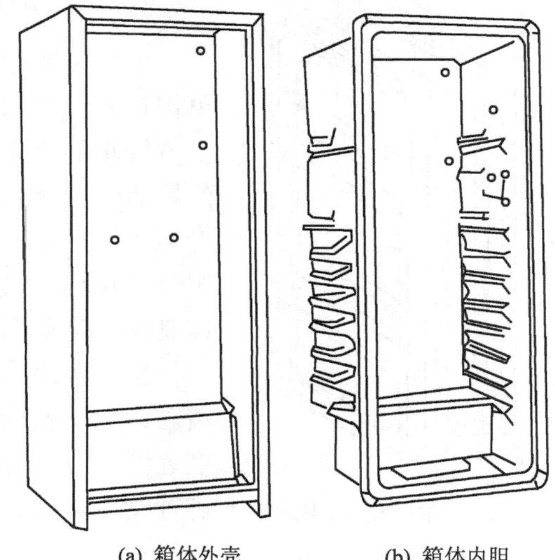

(a) 箱体外壳　　(b) 箱体内胆

图 2.3　整体式电冰箱箱体结构

2. 箱门

电冰箱箱门由外壳、内衬板、磁性门封与门轴组成，如图 2.5 所示。外壳和内衬板之间填充有保温层，磁性门封用于防止箱门与箱体结合处泄漏冷气，起到隔绝室内外空气流动及热传递的作用。

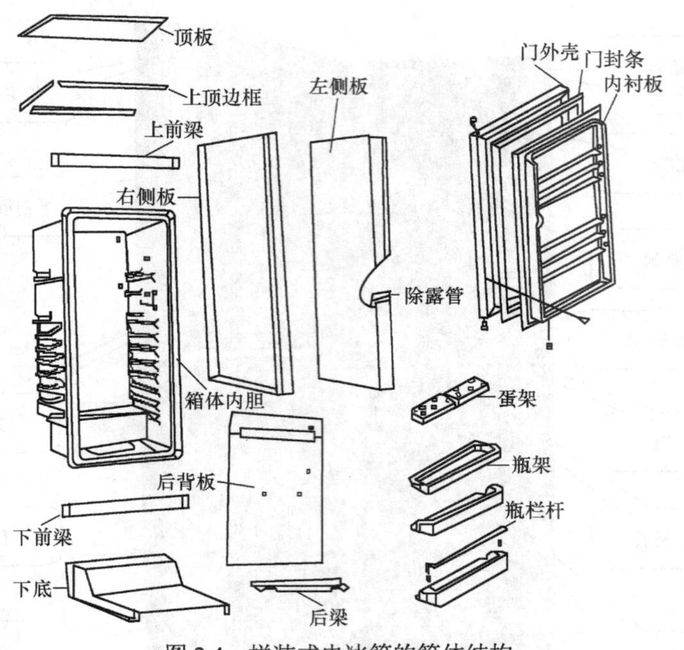

图 2.4　拼装式电冰箱的箱体结构

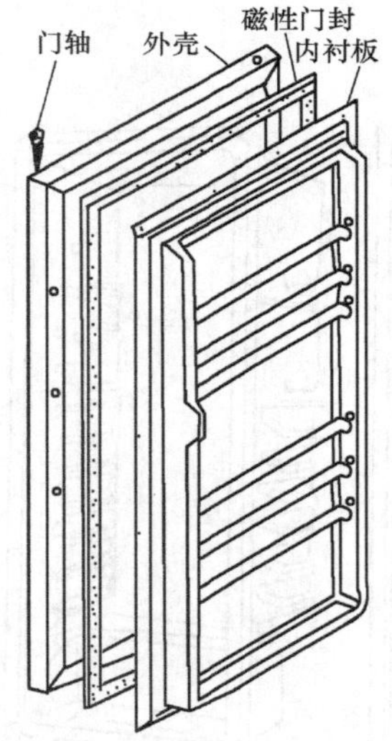

图 2.5　电冰箱箱门结构

二、常见电冰箱结构

1. 单门直冷式电冰箱

单门电冰箱多为直冷式，其箱门只有一个。图 2.6 所示为单门直冷式电冰箱外形结构及剖面图。箱内容积分为两部分，上方较小的容积是冷冻室，下方较大的容积是冷藏室。冷冻室的星级一般为二星，它实际上是蒸发器的内腔；冷藏室内的温度为 0～10℃，其温度从上至下逐渐升高。冷藏室内部装有照明灯（由门开关控制，开门灯亮，关门灯灭），上方装有温度控制器（旋动调节钮可调节电冰箱内的温度）。

单门直冷式电冰箱的除霜方式多为半自动除霜。当需要除霜时，按下温控器上的除霜按钮，压缩机即停止运转，箱内温度逐渐上升，待冷冻室内霜层融化后，压缩机自行启动，重新进行制冷降温。

2. 双门直冷式电冰箱

双门直冷式电冰箱的冷冻室与冷藏室是隔开的，都有各自的蒸发器，其容积一般比单门直冷式电冰箱大，但通常在 300L 以下。图 2.7 所示为双门直冷式电冰箱结构及剖面图，这种电冰箱拥有上、下两个室，分别装有上、下两个箱门。上室为冷冻室，由冷冻室蒸发器构成，冷冻室内温度一般可达－18℃以下；下室为冷藏室，容积一般比冷冻

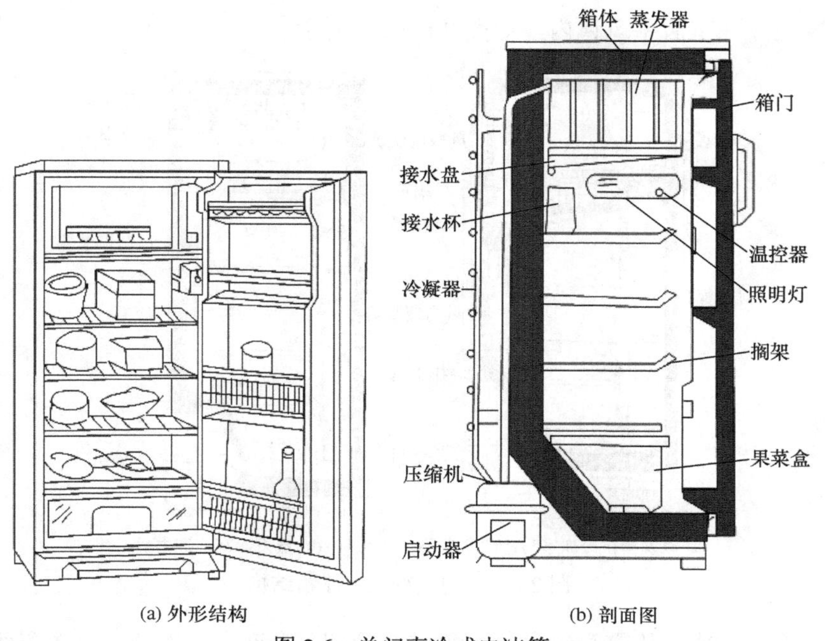

(a) 外形结构　　(b) 剖面图

图 2.6　单门直冷式电冰箱

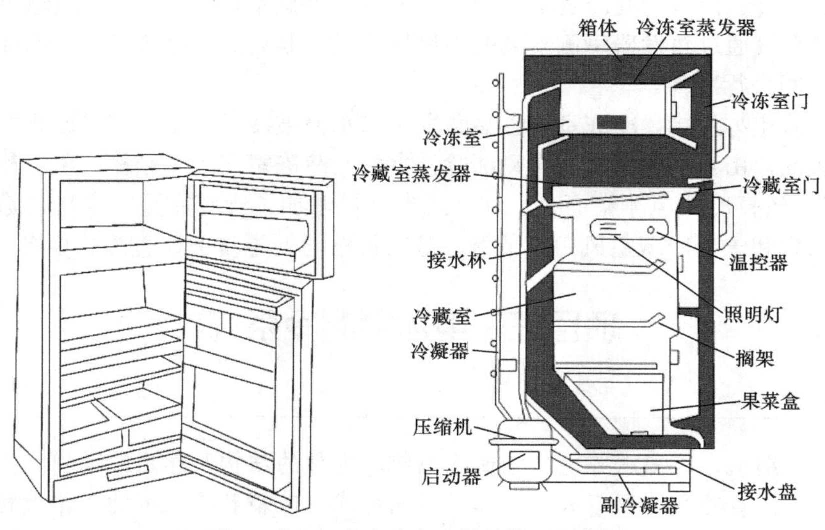

图 2.7　双门直冷式电冰箱结构及剖面图

室大，冷藏室内温度可控制在 0～10℃，温度分布自上而下逐渐升高。由于这种电冰箱分别装有上、下两个箱门，因此在存取食品时，相互间的温度影响较小。

3. 双门间冷式电冰箱

双门间冷式电冰箱只有一个蒸发器，称为翅片管式蒸发器。它的安装位置有两种，一种是水平的安装于冷冻室与冷藏室之间夹层的风道内，如图 2.8（a）所示；另一种是垂直地安装在冷冻室后壁风道内，如图 2.8（b）所示。

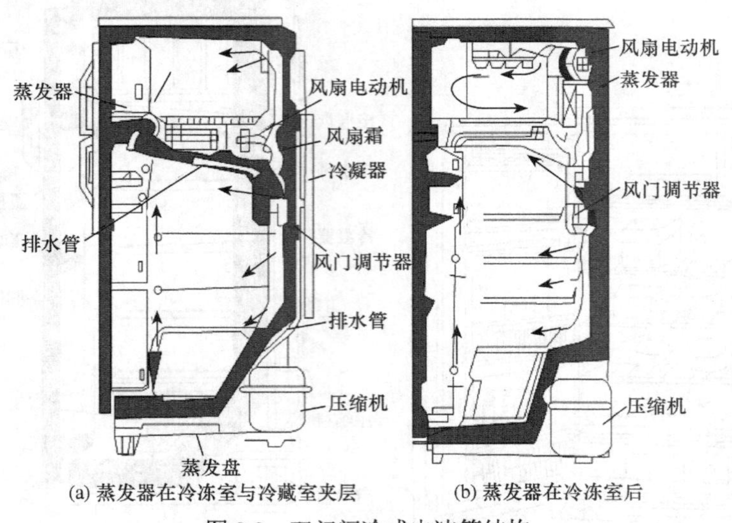

(a) 蒸发器在冷冻室与冷藏室夹层　　(b) 蒸发器在冷冻室后

图 2.8　双门间冷式电冰箱结构

双门直冷式电冰箱依靠空气自然对流进行冷却，冷冻室与冷藏室基本隔绝，装有各自的蒸发器制冷。而双门间冷式电冰箱的冷冻室与冷藏室相通，两者之间通过风道隔板隔开，箱内空气通过蒸发器里侧安装的小风扇形成强制对流，冷气经风道循环于冷冻室和冷藏室之间进行冷却。

在间冷式电冰箱中，冷冻室内食品蒸发出的水分被冷风吹走，在通过蒸发器时冻结在蒸发器表面，由自动除霜装置自动清除，食品及冷冻室内不会结霜，所以称其为“无霜电冰箱”。较直冷式电冰箱而言，间冷式电冰箱增加了一套完整的全自动除霜系统、一个循环风扇和一个冷藏室风门调节器，故其价格与耗电量都比直冷式要高。

项目三　电冰箱制冷系统

任务书

- 掌握压缩机、冷凝器等电冰箱制冷系统零部件的结构及作用。
- 掌握单门直冷式、双门直冷式和双门间冷式电冰箱制冷系统的工作过程。

一、电冰箱制冷系统主要零部件

1. 压缩机

压缩机是电冰箱制冷系统的心脏，它由电动机带动，通过机械方式来增加管道内气态制冷剂的压力，使其在管道中流动，完成制冷循环。

压缩机分为开启式、半封闭式和全封闭式三种。全封闭式压缩机结构紧凑、体积小、重量轻、噪声低、密封性能好、允许转速高，电冰箱均采用全封闭式压缩机。家用电冰

箱使用的压缩机有连杆式、滑管式、滚动转子式三种类型，无论是哪种类型的压缩机，都安装在电冰箱后侧底部，安装位置如图 2.9 所示。

图 2.9　电冰箱压缩机安装位置

（1）连杆式压缩机

连杆式压缩机磨损小、寿命长、能效比较高，但其零件形状复杂，加工精度较高，工艺复杂。连杆式压缩机通常又分为曲轴连杆式和曲柄连杆式两类，前者的主轴呈弓形，有两个（或三个）轴承支点；后者的主轴呈肘形，一般有两个轴承支点。当电动机带动曲轴旋转时，曲轴带动连杆，使活塞产生往复运动，通过吸、排气阀片组，形成吸气、压缩、排气过程。曲轴连杆式压缩机结构如图 2.10 所示。

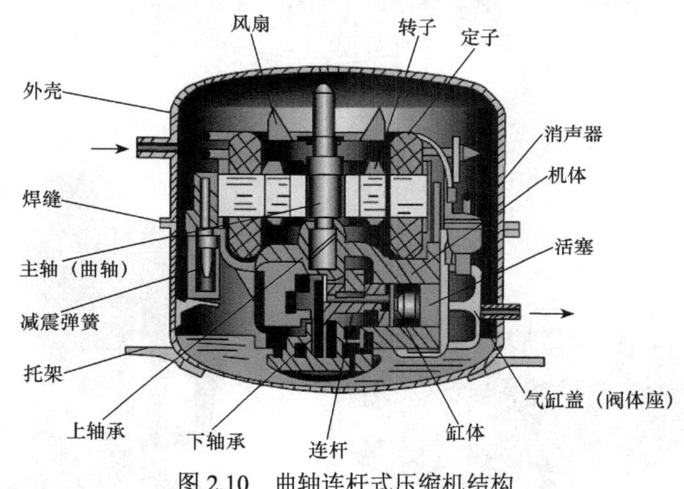

图 2.10　曲轴连杆式压缩机结构

（2）滑管式压缩机

滑管式压缩机的曲轴垂直安装在机座的轴承上，活塞水平安装，端部与一个开有长孔的短管相连，在曲轴旋转时，其曲柄销做圆周运动，而滑块套在曲柄销上，曲柄销带动滑块在滑管内左右滑动，从而使得活塞在气缸内作直线往复运动，通过吸、排气阀片组，形成吸气、压缩、排气过程。滑管式压缩机结构如图 2.11 所示。

（3）滚动转子式压缩机

滚动转子式压缩机又称为旋转活塞式压缩机，有卧式与立式两种，其外形如图 2.12 所示。

旋转式压缩机的电动机无需将转子的旋转运动转换为活塞的往复运动，而直接带动旋转活塞做旋转运动来完成对制冷剂蒸汽的压缩。滚动转子式压缩机具有体积小、质量轻、零部件数量少、容积效率高、压缩工作圆滑、平衡性好、不用吸气阀片等优点，更适于小型化，应用也日渐增多，目前已应用于电冰箱和空调器中，是一种很有发展前途的压缩机。立式滚动转子式压缩机结构如图 2.13 所示。

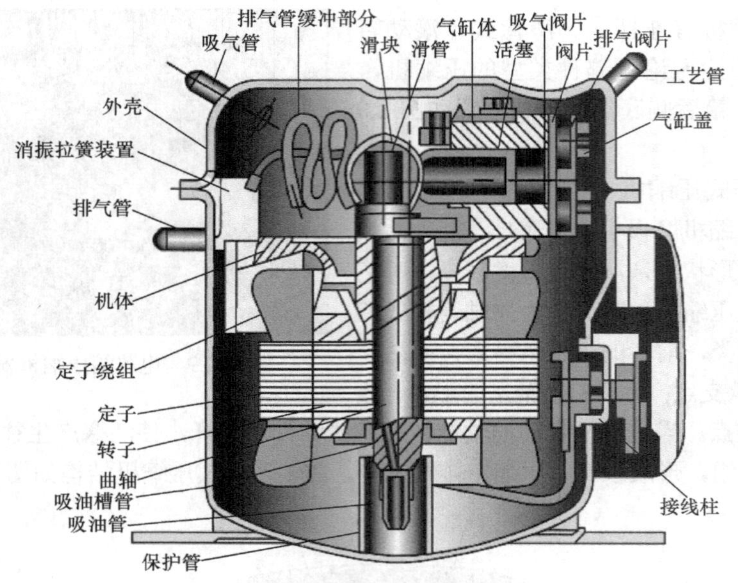

图 2.11　滑管式压缩机结构

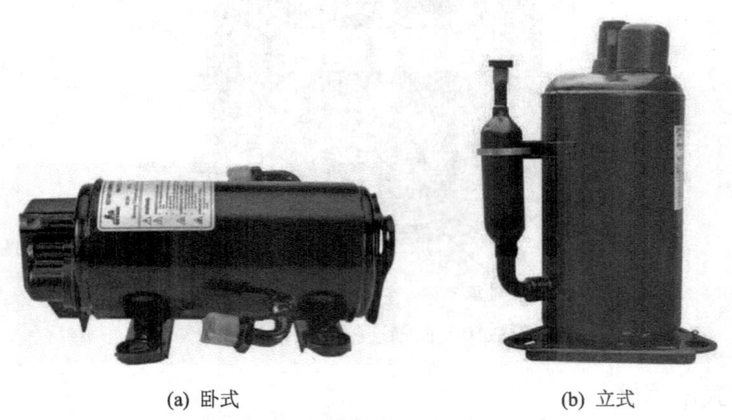

(a) 卧式　　(b) 立式

图 2.12　滚动转子式压缩机外形

2. 冷凝器

冷凝器是使制冷剂放出热量变成液体的热交换装置，是制冷系统的散热部件。按冷凝器的冷却方式可分为水冷却方式和空气冷却方式两类，大型制冷设备一般采用水冷却方式，小型制冷与空调装置所用冷凝器都是空气冷却方式。空气冷却方式又分为空气自然对流冷却和风扇强制对流冷却两种。

空气自然对流冷却方式的特点是结构简单、无风机噪声、不易发生故障。不足之处是传热效率较低，一般中小型电冰箱（小于 300L）和冷冻箱多采用此种冷却方式。风扇强制对流冷却方式的传热效率较高，使用方便、结构紧凑，不需水泵，但风机有一定噪声。大型电冰箱（大于 300L）和小型家用空调器等多采用此种冷却方式。

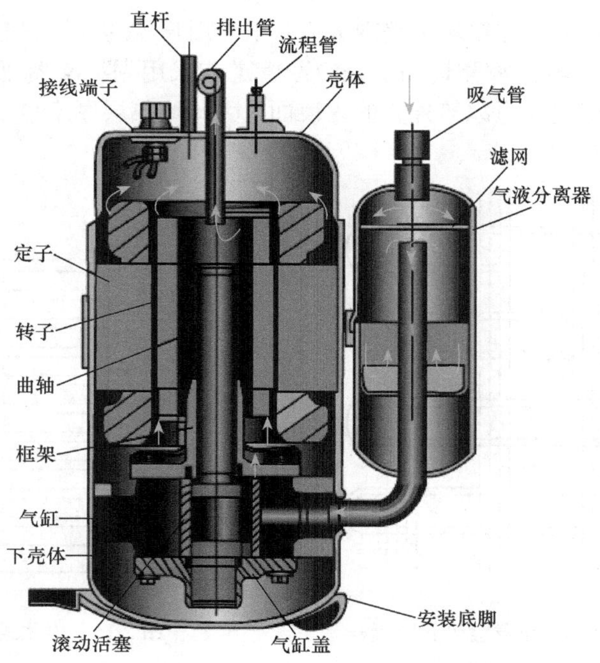

图 2.13　立式滚动转子式压缩机结构

目前常用的冷凝器有百叶窗式冷凝器、钢丝盘管式冷凝器、内藏式冷凝器和翅片盘管式冷凝器。

（1）百叶窗式冷凝器

百叶窗式冷凝器一般由直径 4～6mm、壁厚 0.5～1mm 的无缝铜管或镀铜无缝钢管弯曲成蛇形管，再卡装或焊接在开有百叶窗孔的薄钢板上制作而成，其表面涂黑漆，可以增强辐射散热。盘管走向有水平和垂直两种，水平走向的百叶窗式冷凝器外形如图 2.14 所示。

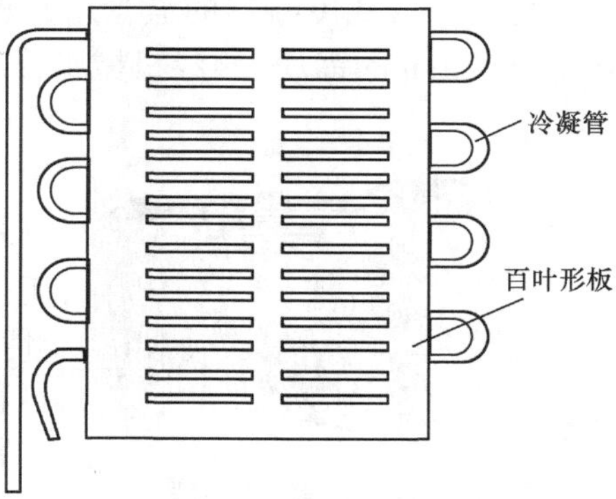

图 2.14　百叶窗式冷凝器

（2）钢丝盘管式冷凝器

钢丝盘管式冷凝器又称邦迪管，是在百叶窗式冷凝器基础上改进而成，采用蛇形管与钢丝点焊的形式，钢丝直径一般为 2mm，间距为 8mm，外表涂黑油漆。这种冷凝器重量较轻，制造成本低，强度和刚性较好，在制造工艺和散热性能上都优于前一种。钢丝盘管式冷凝器外形如图 2.15 所示。

百叶窗式冷凝器和钢丝盘管式冷凝器一般装在电冰箱背部，并为了增强散热效果，距电冰箱箱体背板有一定距离，因此常称为悬背式冷凝器。

（3）内藏式冷凝器

内藏式冷凝器是将铜管或邦迪管制成的蛇形管用黏结薄膜贴在箱体背板的内侧表面，利用电冰箱箱体的外壁散热。这种冷凝器占用空间小、结构与工艺简单，适合大批量生产，而用它制作的电冰箱箱体美观大方，很受用户欢迎。但其散热性能不如百叶窗式和钢丝盘管式冷凝器，故需适当加长冷凝管道或采用副冷凝器以改善散热条件。另外，由于冷凝器被固定在电冰箱外壳的内表面，因此绝热层厚度也要相应增加。内藏式冷凝器外形如图 2.16 所示。

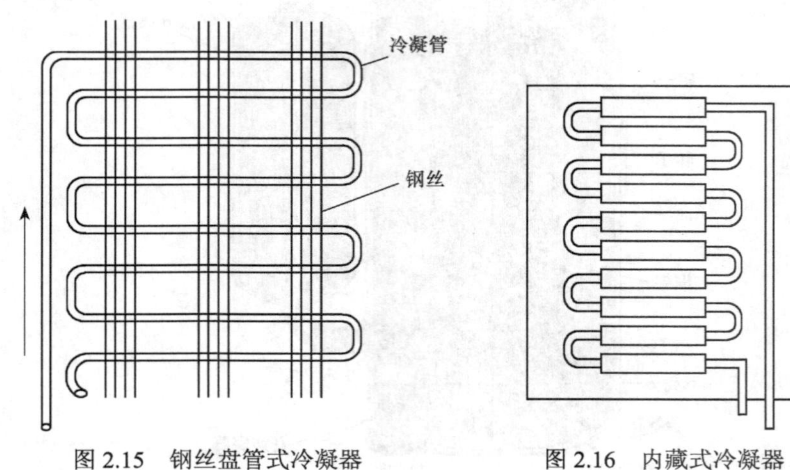

图 2.15　钢丝盘管式冷凝器　　　图 2.16　内藏式冷凝器

（4）翅片盘管式冷凝器

翅片盘管式冷凝器的盘管用铜管制成，它是在 U 形管上按一定片距套上厚度为 0.15～0.2mm 的铝片，再经机械胀管，焊接上小 U 形回弯管后制成。管内为制冷剂通道，管外为空气流道。这种冷凝器外表面积大、翅片密、空气阻力大，所以必须采用强制对流冷却方式才能提高效率。它广泛应用于容积在 300L 以上的卧式冰柜中，安装在箱体一侧的空间内，由风机使空气强制循环，再把冷凝器中的热量通过翅片散热于空气中带走。这种散热形式提高了空气侧的传热效率，其特点是结构紧凑、散热量大、冷却能力强。翅片盘管式冷凝器外形如图 2.17 所示。

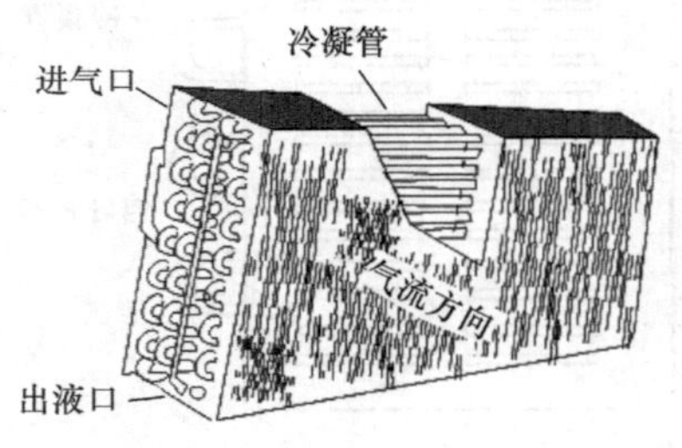

图 2.17　翅片盘管式冷凝器

3. 蒸发器

蒸发器是使制冷剂液体吸收热量而汽化的热交换设备，是电冰箱中主要产生“冷”的部件，也就是“冷源”。在蒸发器内，低温低压的液态制冷剂吸收被冷却食品的热量，使食品制冷降温，制冷剂则吸热蒸发为气体。

（1）铝板吹胀式蒸发器

铝板吹胀式蒸发器是一种复合铝板，夹层中有制冷剂通道，靠高压空气吹胀成型。它依靠空气自然循环，管道与壁板之间的温差小，传热效率高，而且造价低、制冷快、表面平整不易积垢。主要用在单门直冷式电冰箱中，吊装在箱内上部兼作冷冻室用，在双门直冷式电冰箱中也用作冷藏室蒸发器，以平板的形式安装在冷藏室的后上部。铝板

吹胀式蒸发器外形如图 2.18 所示。

（2）黏结板管式蒸发器

黏结板管式蒸发器是用铝管或铜管弯成一定形状后，黏结在成形的铝板框架上制作而成。这种蒸发器内壁光洁、平整，不易泄漏、不易损伤。它的缺点是管路只能做成单程盘管，盘管长度受到一定限制，管道的间距较大，使管道与壁板之间的温差加大，传热效率降低。黏结板管式蒸发器外形如图 2.19 所示。

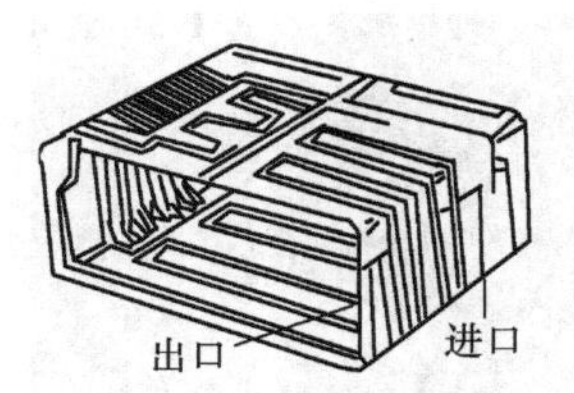

图 2.18 铝板吹胀式蒸发器

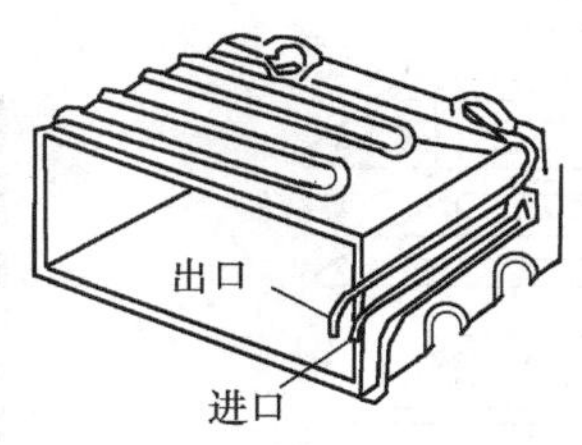

图 2.19 黏结板管式蒸发器

（3）单脊翅片管式蒸发器

单脊翅片管式蒸发器的翅片和管子材料为铜材或铝材，经特殊加工而成，其外形如图 2.20 所示。它的优点是传热效果好、制冷速度快，广泛应用于双门直冷式电冰箱的冷藏室中，安装在冷藏室上部，作为冷藏室蒸发器。

（4）翅片盘管式蒸发器

翅片盘管式蒸发器与翅片盘管式冷凝器结构相似，广泛用于间冷式无霜电冰箱，通常装在冷冻室后面，或冷冻、冷藏室的隔板中，工作时用风扇吹拂翅片表面，以强制对流的方式交换热量，使制冷剂被蒸发成气体。这种蒸发器的特点是换热效果好，结构紧凑，其外形结构如图 2.21 所示。

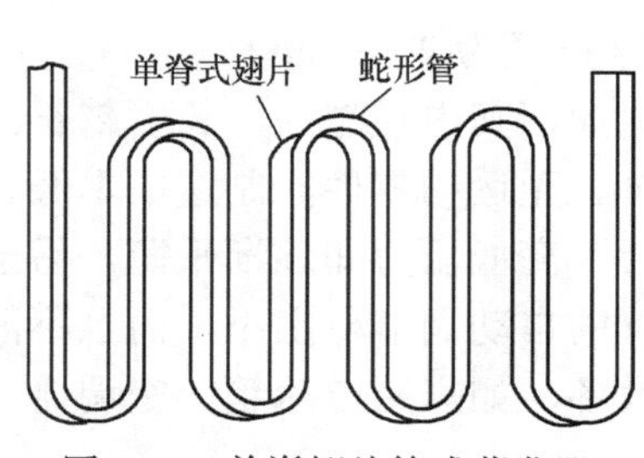

图 2.20 单脊翅片管式蒸发器

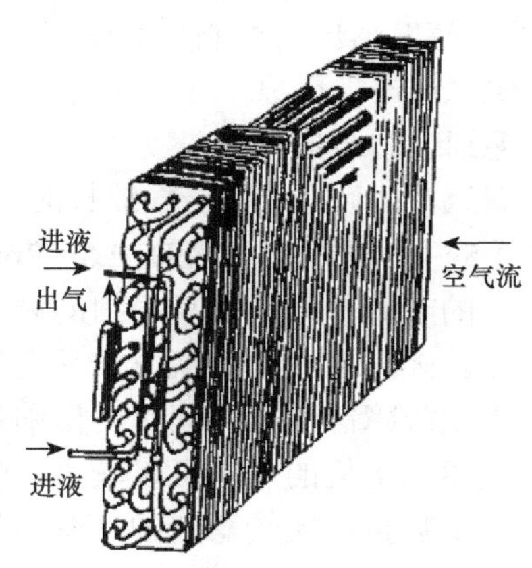

图 2.21 翅片盘管式蒸发器

（5）层架盘管式蒸发器

目前较流行的冷冻室下置内抽屉式直冷式电冰箱，普遍采用层架盘管式蒸发器。盘管既是蒸发器，又是抽屉搁架，这种蒸发器制造工艺简单，便于检修，成本较低（可用铝管或邦迪管），而且有利于温度的均匀分布，冷却速度快。层架盘管式蒸发器结构如

图 2.22 所示。

4. 毛细管

在电冰箱背后的下部能看到一根很细的紫铜管，其长度较长，多盘成圈，这就是毛细管，如图 2.23 所示。

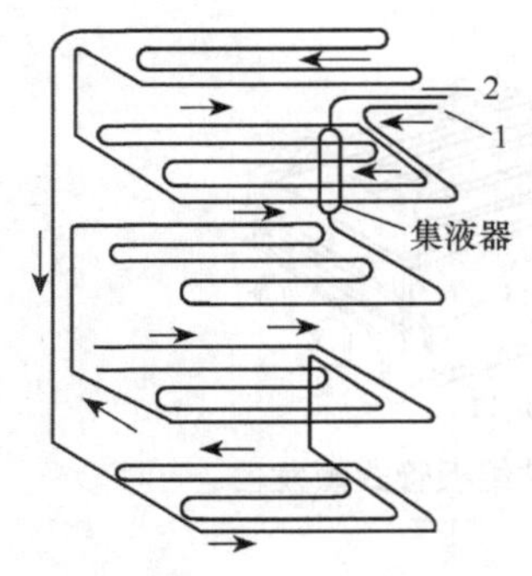

图 2.22 层架盘管式蒸发器

1—制冷剂液体进口 2—制冷剂气体出口

图 2.23 毛细管的安装位置

（1）毛细管的功能

毛细管属于节流元件，从冷凝器输出的液态制冷剂，流过节流元件后减压降温供给蒸发器，它的主要功能如下。

1）将高温、高压的制冷剂液体节流降压成低温、低压的气液两相混合的制冷剂，为在蒸发器中蒸发吸热创造条件。

2）根据热负荷的变化，调节供给蒸发器的制冷剂流量。

3）控制蒸发器出口处制冷剂蒸汽的过热度，充分发挥蒸发器的换热效率并防止对压缩机产生“液击”现象。

（2）毛细管的结构特点

从外观上看，毛细管像一根细长的、有一定硬度的铜丝。用在电冰箱中的毛细管长度一般在 1.5～3m 之间，内径在 0.6～2mm 之间（外径为 2～3mm）。

毛细管的节流作用是依靠很细的内径来实现的，其内径越细，长度越长，节流作用就越明显。采用毛细管节流方式具有结构简单、无运动零件、制造成本低、加工方便，不易产生故障等优点。同时，压缩机停机后，高低压力即逐渐平衡，易于启动，因此压缩机驱动电机的功率可以较小。但毛细管的自动调节范围小，而且不能人工调整，只适用于热负荷比较稳定的一些小型制冷设备（如家用电冰箱、空调器、抽湿机和冷饮机等）。

5. 干燥过滤器

干燥过滤器安装在冷凝器的出口端，位于毛细管之前，在电冰箱中多位于箱体后侧下部压缩机附近，如图 2.24 所示。它的作用是在制冷剂进入毛细管前对其进行过滤，除去制冷剂中的水分和固体杂质。

干燥过滤器的结构如图 2.25 所示，其外形为圆筒状，过滤网设置在其较细的一端，另一端设置滤栅，在这两端之间充满着干燥剂分子筛（或活性氧化铝、硅胶），干燥剂不能更换，若其出现故障应整体更换。干燥器的进口端口径为 4～6mm，与冷凝器相连；出口端口径通常为 3mm，与毛细管出口端连焊。毛细管焊接时伸入干燥过滤器内一段长度，但不能与过滤网相碰，以免堵塞毛细管。

图 2.24　干燥过滤器安装位置

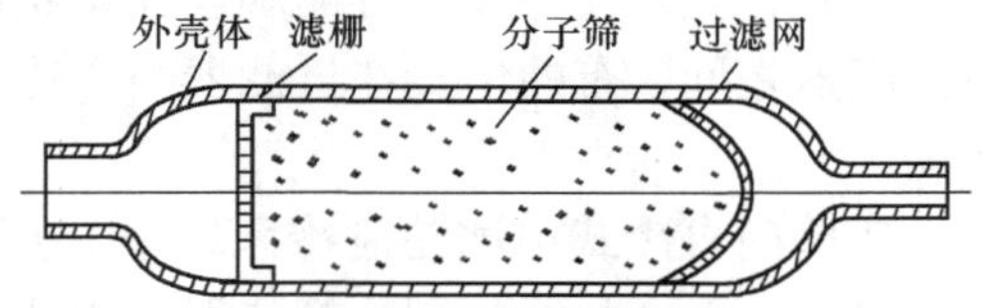

图 2.25　干燥过滤器的结构

6. 集液管

集液管位于蒸发器末端，在压缩机的回气管路上，其外形是一段较粗的圆管，它的作用是存储蒸发器中未完全汽化的少量液态制冷剂，使之在集液管中继续吸热完全汽化，防止液态制冷剂进入压缩机造成液击冲缸事故。

二、典型电冰箱制冷系统

1. 单门直冷式电冰箱制冷系统

单门直冷式电冰箱制冷系统由压缩机、冷凝器、干燥过滤器、毛细管、蒸发器和系统内循环的制冷剂组成，其结构如图 2.26 所示。

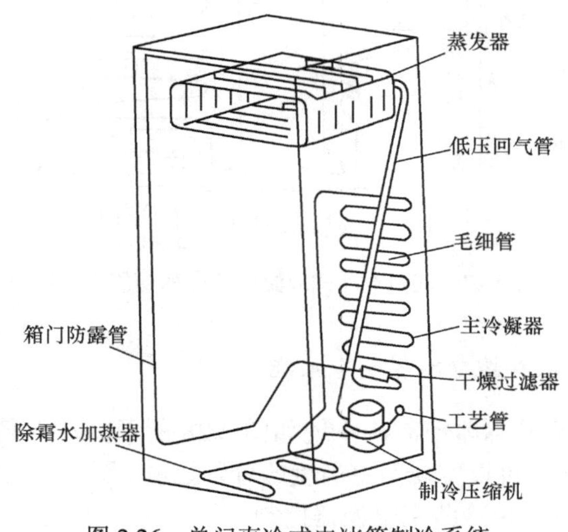

图 2.26　单门直冷式电冰箱制冷系统

当压缩机运转制冷时，制冷剂经副冷凝器（除霜水加热器）→主冷凝器→箱门除露管→干燥过滤器→毛细管→蒸发器→被压缩机吸回，即完成一个单回路制冷循环，此循环连续不断即达到了制冷的目的。

副冷凝器又称“下冷凝器”，外形为钢丝盘管式，通常悬挂在箱底接水盘之下。副冷凝器的进、出管串接在压缩机与冷凝器之间，压缩机排出的高温制冷剂蒸气先进入副冷凝器散热，所散发的热量可以用来使接水盘中的水分蒸发，同时又能起箱底防潮、防腐的作用。

箱门防露管布置在门框内壁四周，其作用是对电冰箱门封处适当加热，避免门封处内外温差较大产生结露。各品牌电冰箱箱门除露管的连接方式不尽相同，有的串接在左右冷凝器之间，有的串接在过滤器与主冷凝器之间，也有的串接在副冷凝器与主冷凝器之间。

在单门直冷式电冰箱制冷系统中，主冷凝器、箱门防露管和除霜水加热器共同组成冷凝系统，主冷凝器是制冷换热器的主要部件，副冷凝器和箱门除露管在起到散热作用的同时，使其散发的热量又得到了利用。

2. 双门直冷式双温单控电冰箱制冷系统

双门直冷式双温单控电冰箱制冷系统如图 2.27 所示。该系统在冷冻室和冷藏室中各设一个独立的蒸发器，两个蒸发器在制冷系统中是串联的。当压缩机通电运行时，制冷剂的循环路径如下：压缩机→除霜水加热器→冷凝器→箱门防露管→干燥过滤器→毛细管→冷藏室蒸发器→冷冻室蒸发器→压缩机。

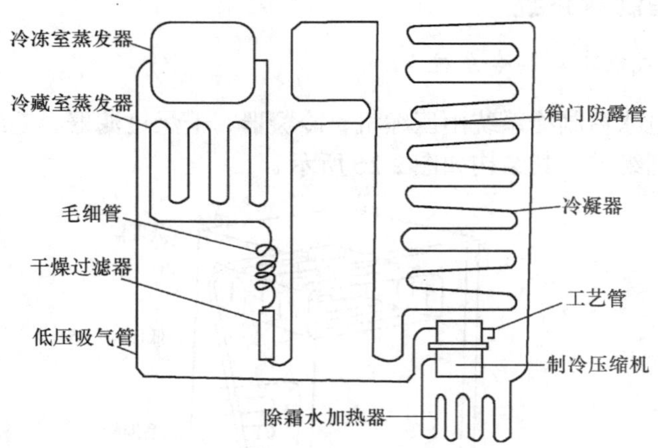

图 2.27　双门直冷式双温单控电冰箱制冷系统

3. 双门直冷式双温双控电冰箱制冷系统

双门直冷式双温双控电冰箱制冷系统如图 2.28 所示。该类型电冰箱的冷藏室和冷冻室各装有一只温控器，可以实现两室温度的分别控制。图 2.28 中的电磁阀采用二位三通型电磁阀，其工作状态由冷藏室温控器控制。

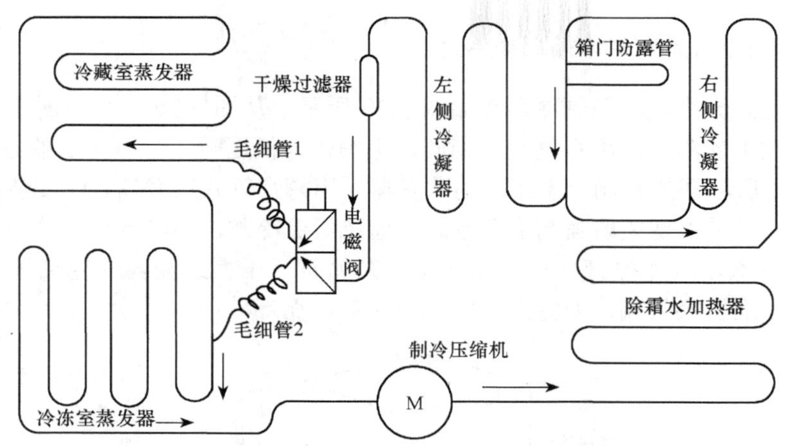

图 2.28　双门直冷式双温双控电冰箱制冷系统

（1）工作过程

双温双控电冰箱制冷系统工作过程如下：接通电源后，因冷藏室温度高于设定温度，冷藏室温控器处于闭合状态，电磁阀不得电，压缩机运转，制冷剂由毛细管 1 经冷藏室蒸发器流入冷冻室蒸发器，冷冻室和冷藏室同时制冷。当冷藏室温度降至设定温度而冷冻室仍未降至设定温度时，电磁阀得电，制冷剂由毛细管 2 流入冷冻室蒸发器，此时冷藏室蒸发器被切断，只有冷冻室进行制冷，从而达到了双温双控的目的。即制冷剂根据电磁阀的开闭情况有两条循环回路。

第一条循环回路（电磁阀断电时）：压缩机→除霜水加热器→右侧冷凝器→箱门防露管→左侧冷凝器→干燥过滤器→电磁阀Ⅰ、Ⅲ管路→毛细管 1→冷藏室蒸发器→冷冻室蒸发器→压缩机。

第二条循环回路（电磁阀通电时）：压缩机→除霜水加热器→右侧冷凝器→箱门防露管→左侧冷凝器→干燥过滤器→电磁阀Ⅰ、Ⅱ管路→毛细管 2→冷冻室蒸发器→压缩机。

（2）系统特点

采用双温双控后可以减少对冷冻室蒸发器与冷藏室蒸发器的匹配要求，同时也实现了冷藏室温度和冷冻室温度的分别控制。

另外，采用双温双控后电冰箱冷藏室的温度调整范围可以适当扩大。若将冷藏室温控器旋钮调至强冷点，可使冷藏室温度降至－1℃左右。这时冷藏室可作为冰温室使用，既可保鲜，又便于解冻。而当冷藏室不储存食品时，可将冷藏室温控器调至停机点，这时冷藏室停止使用，电冰箱只作为小冰柜使用。同样，冷冻室也打破了星级界限，既可以连续运转进行速冻，也可以在速冻后将冷冻室温度调到－12℃左右，实现冷冻存储，从而大大方便了用户，节约了能源并且降低了费用。除此之外，双温双控电冰箱与某些直冷式双门单温单控电冰箱相比，不需设置冷藏室温度补偿加热器，具有明显的节能效果。同时，由于冷藏室温控器控制压缩机的触点与冷冻室温控器触点并联，故压缩机的开停不像单控电冰箱那样具有规律性。

4. 双门间冷式无霜电冰箱制冷系统

双门间冷式无霜电冰箱制冷系统如图 2.29 所示。从图 2.29 中可以看出，它与双门直冷式单温控电冰箱的制冷系统基本相同，毛细管与低压吸气管以一定的方式构成气、液热交换器。所不同的是制冷系统中的蒸发器采用翅片管式蒸发器，它安装在冷冻室与冷藏室之间，通过小型风扇强制上下室之间通风对流冷却。当电冰箱制冷运行时，制冷剂经压缩机→除霜水加热管→冷凝器→箱门防露管→干燥过滤器→毛细管→翅片盘管式蒸发器→压缩机吸气端，即完成一个单回路制冷循环。

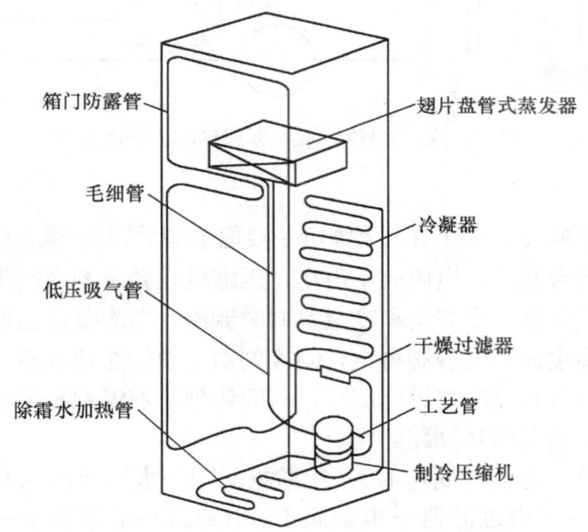

图 2.29　双门间冷式无霜电冰箱制冷系统

课后练习

一、单项选择题

1. 在制冷装置中，清除制冷系统内部污物的基本方法是（　　）。

A. 用过滤器　　B. 用清洁剂　　C. 用干燥剂　　D. 用截止阀

2. 间冷式电冰箱采用（　　）冷却的蒸发器。

A. 管板式　　B. 管式　　C. 自然对流　　D. 强制对流

3. 家用电冰箱的冷凝器散热方式为（　　）。

A. 强制风冷　　B. 自然冷却　　C. 水冷却　　D. 混合冷却

二、判断题

1. 家用电冰箱外置的冷凝器为增强辐射能力，加工成黑色。（　　）
2. 电冰箱的干燥过滤器中的干燥剂可以进行更换，以节省维修成本。（　　）
3. 往复活塞式制冷压缩机属于容积型压缩机。（　　）

三、填空题

1. 干燥过滤器中的过滤网可以防止毛细管__________，干燥剂可以防止系

统__________。

2. 电冰箱压缩机上的三条管分别是__________、__________和__________。

3. 空气冷却式的冷凝器又分为__________和__________。

项目四　电冰箱电气控制系统

任务书

- 掌握电冰箱电气控制系统各零部件的结构及作用。
- 掌握不同类型电冰箱电气控制系统的工作原理。

一、电冰箱电气控制系统主要零部件

1. 压缩机电机

目前，家用电冰箱的压缩机电机均采用单相笼型异步电动机，在结构上压缩机电机与压缩机构成一个整体，全密封在一个壳体中。电冰箱压缩机电机有两个绕组，均匀地嵌放在定子铁心槽中，其中一个绕组为运行绕组（用 CM 表示），另一个为启动绕组（用 CS 表示），电冰箱电机绕组电路如图 2.30 所示，其中 C 为公共端，M 为运行端，S 为启动端。

在小型制冷设备中，单相压缩机电机的启动方式有四种：电阻分相启动、电容分相启动、电容启动电容运行和电容运行。

（1）电阻分相启动（RSIR 方式）

电阻分相启动方式电路如图 2.31 所示，此种电机在启动时要求能自动接通启动开关 K，当电机转速达到 80%时，开关 K 应能自动断开。

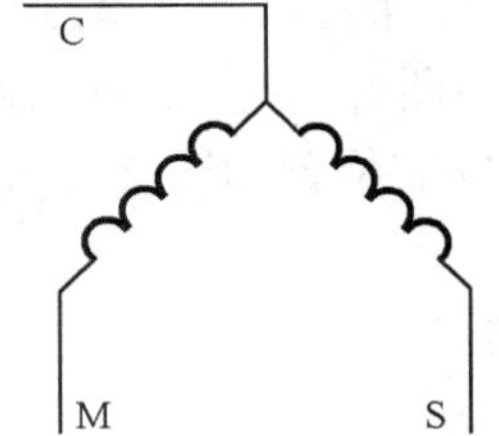

图 2.30　电冰箱电机绕组电路

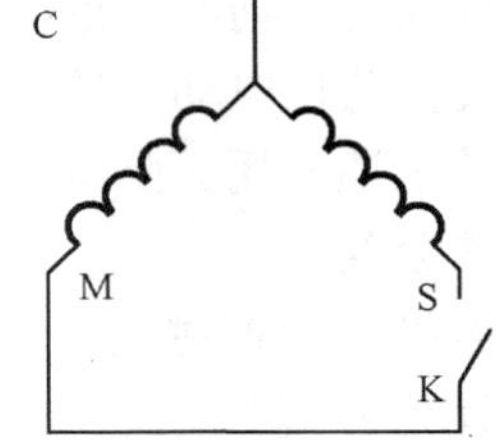

图 2.31　电阻分相启动方式电路

电阻分相启动方式简单、成本低、工作可靠，在 200L 以下的家用电冰箱中有着广泛的应用，但其启动转矩较小，一般只用于输出功率在 130W 以下的全封闭式制冷压缩机中。

（2）电容分相启动（CSIR 方式）

电容分相启动方式电路如图 2.32 所示，在启动绕组支路中串联一个大容量的启动电容器，使启动支路呈现为容性支路，在转子上会产生一个较大的启动转矩使电机启动，同时可以减少压缩机启动电流。当电机启动完毕后，CS 连同启动绕组一起

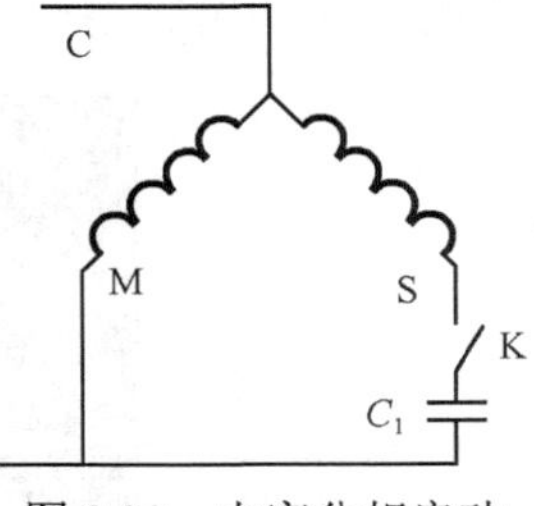

图 3.32　电容分相启动方式电路

从电路中断开。此启动方式常用于对启动转矩要求较大的电冰箱、商用冷藏冷冻箱，输出功率约为100～300W。

（3）电容启动电容运行（CSR方式）

电容启动电容运行方式电路如图2.33所示，这种方式除了在启动绕组中串联一只受启动开关 K 控制的启动电容器 C_1 外，还固定接有一只小容量的运行电容器 C_2。C_2 可以改善电路的功率因数，减小线路电流，使电机的运行能力、过载能力有所改善。这种启动方式常用于180～1500W大型商用冰箱、冷水器制压缩机电机的启动。

（4）电容运行（PSC方式）

电容运行方式电路如图2.34所示，这种启动方式常用于家用空调器压缩机电机和风扇电机的启动，在启动支路中串联一个固定的电容器，在电机启动及运行时，启动与运行两个绕组均工作，使电机有较好的运行性能。

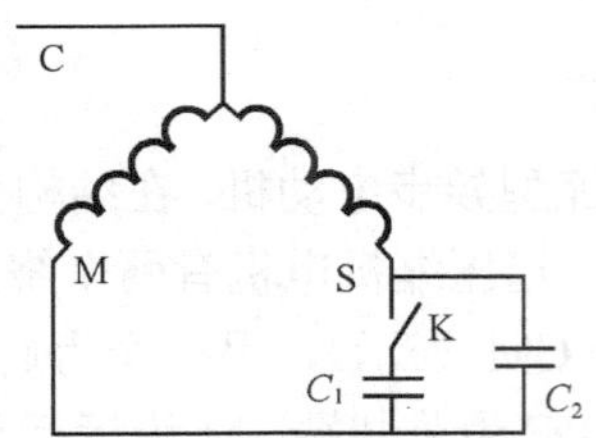

图2.33　电容启动电容运行方式电路

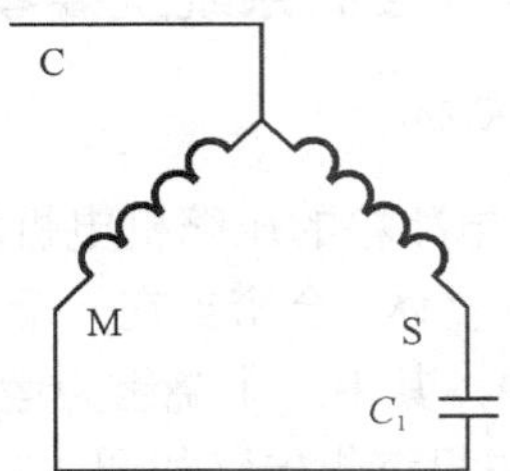

图3.34　电容运行方式电路

2. 启动器

（1）启动器的作用

启动器的作用是使压缩机电机在加电瞬间，接通启动绕组回路，使启动绕组有电流流过，产生与运行绕组方向不同的磁场，使电机转动。而当电动机转速达到额定转速的70%～80%时，又自动将电动机的启动绕组从电路中断开，在压缩机电动机的下一次启动时，又重复起着上述作用。启动器在压缩机上的安装位置如图2.35所示。

（2）启动器的分类

电冰箱启动器可分为重锤式启动器和PTC启动器。

1）重锤式启动器。

重锤式启动器是使用较为广泛的压缩机启动元件，在电阻分相启动式、电容启动式和电容启动电容运行式的压缩机中都被采用。重锤式启动器的外形如图2.36所示。

图2.35　启动器安装位置

图2.36　重锤式启动器外形

重锤式启动器线路图如图 2.37 所示，电冰箱压缩机不工作时，重锤式启动器中的衔铁因自身重量落下，动、静触点处于分离状态，压缩机启动电路不接通。接通电源后，因启动器触点是分离的，启动绕组 CS 没有供电，电机无法启动，导致流过运行绕组 MC 的电流较大，使启动器的驱动绕组产生较大的磁场，衔铁被吸起，触点闭合，接通压缩机启动绕组的供电回路，压缩机电机启动，开始运转。当压缩机运转后，运行电流下降到正常值，启动器驱动绕组产生的磁场减小，衔铁在自身重量和回复（复位）弹簧的作用下复位，切断启动绕组的供电回路，完成启动过程。

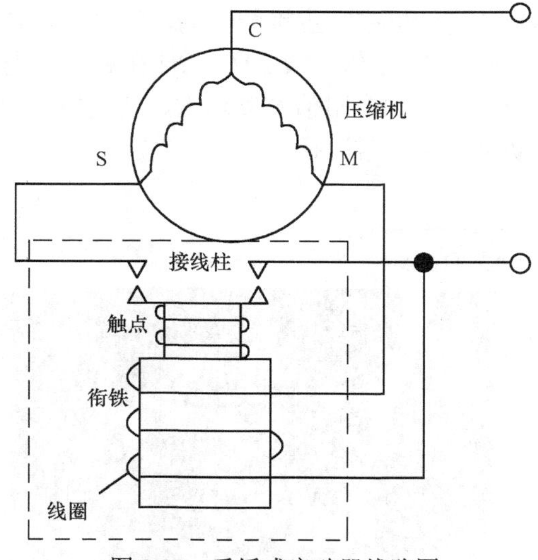

图 2.37　重锤式启动器线路图

重锤式启动器的优点是结构紧凑、体积较小、可靠性好；缺点是可调性差，若电源电压波动较大时，就会出现触点不能释放或接触不良的故障，很容易烧坏触点。另外，重锤式启动器安装和使用时，一定要注意保持直立，否则会影响衔铁的上下回落运动。

知识链接

压缩机功率不同，配套使用的重锤式启动器的吸合和释放电流也不同。启动器的吸合和释放电流随压缩机功率的增大而增大。重锤式启动器损坏后，应选择同型号配件换用。选择重锤式启动器时，一定要使它的吸合电流小于本压缩机在最低操作电压下，电机“堵转”时运行绕组的电流值；它的释放电流要大于压缩机工作时运行绕组的电流值。若换上重锤式启动器后，压缩机在 220V 额定电压下通电 3～5s 不能启动，而测其动、静触点又能接通，这种情况表明启动器吸力线圈不足。若运行 5s 后，压缩机工作电流还较大，不能降到正常运行电流值，这说明启动器触点吸合后没有释放开。

2）PTC 启动器。

PTC 是一种半导体材料的名称，它以酞酸钡混入微量稀土元素，通常采用陶瓷工艺制成体积如 2 分硬币大小的电气元件，引出电极后整个元件用胶木密封。

实际上，PTC 启动器是一个正温度系数的热敏电阻（安装位置及外形如图 2.38 所示），在正常室温下，PTC 的电阻值很小，仅为 10～22Ω，当达到某一温度值时，电阻值会急剧增大数千倍，这一温度称为临界温度。电冰箱压缩机所使用的 PTC 元件的临界温度一般为 50～60℃。

PTC 启动器接线图如图 2.39 所示，在电动机刚接通交流电源瞬间，PTC 元件的温度较低，电阻值较小（仅几十欧姆）。启动绕组的电路处于接通状态，它与运行绕组一起在电动机中产生旋转磁场，使电动机转子启动运转。由于启动过程中的电流是正常运行时的4～6倍，故PTC元件在启动过程中迅速发热升温。当温度升高到临界温度时，PTC元件的电阻值突然增大，达到数万欧姆。此时，启动绕组可近似地视为断路，而电动机已经正常运行。

图 2.38　PTC 启动器

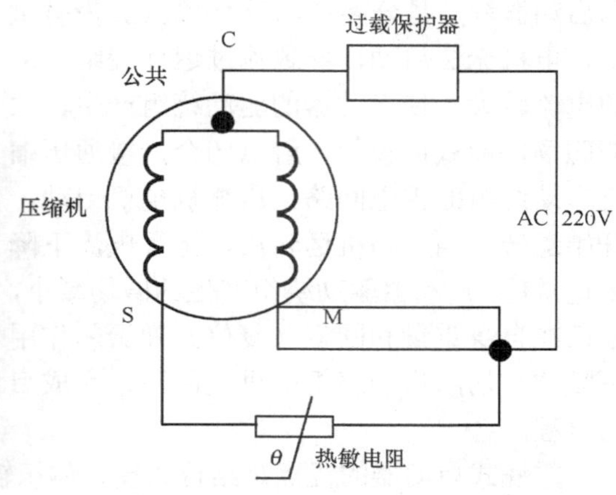

图 2.39　PTC 启动器接线图

由于启动过程中，PTC元件没有机械的触点动作，其中电流的通断是通过元件的自身电阻特性完成的，故 PTC 启动器又称为无触点启动器。这种启动器的特点是无运动零件、无噪声、可靠性较好、成本低、寿命长，对电压波动的适应性较强。电压波动只影响启动时间，使其产生微小的变化，而不会产生触点不能吸合或不能释放的问题。所以它对压缩机的匹配范围较广，因此在电冰箱中被广泛应用，并且逐步代替重锤式启动器。

知识链接

选择PTC启动器时，耐压要大于320V，要根据压缩机的最大电流来选择PTC的电阻值。PTC启动器动作时间也要与压缩机启动时间相对应，以保证压缩机有足够的加速时间。一般冷态启动压缩机所选PTC的启动时间要大于0.15s。PTC启动器通断特性取决于自身的温度变化，所以压缩机停机后必须等待4～5min，使PTC元件温度降低，恢复到低阻状态，才能再次启动。若在20kΩ高阻状态下启动压缩机，此时启动绕组相当于开路，压缩机不能转动，但运行绕组持续通过大电流，会导致压缩机绕组发热，甚至烧毁。

3. 过载保护器

（1）过载保护器的作用

过载保护器是压缩机电机的安全保护装置，起到过电流和过热保护作用，其作用是保护压缩机电机不会因压缩机的负载过重而发热烧毁。当压缩机负载过大或发生某些故

障，以及电源电压过低或太高而不能正常工作时，电机的工作电流都会增大。如果电流超出允许范围，保护器能自动切断电源，使电机绕组不致被烧毁。

如果电冰箱制冷系统发生制冷剂泄漏故障，压缩机连续运转，虽然电流并不大，但温度不断升高。当电机的温度超过允许范围时，热保护器也会切断电源，保护电机绕组不被烧坏。

（2）过载保护器分类

1）蝶形过载保护器。

蝶形过载保护器是目前小型全封闭压缩机中使用最多的外置式过载保护器，具有过电流保护和过热保护的双重功能，一般都安装在压缩机接线盒内，并紧贴于压缩机表面，如图 2.40 所示。

(a) 蝶形保护器安装位置　　(b) 蝶形保护器外形

图 2.40　蝶形保护器

蝶形保护器由蝶形双金属片、电阻丝加热器、胶木外壳等部件组成，其结构如图 2.41

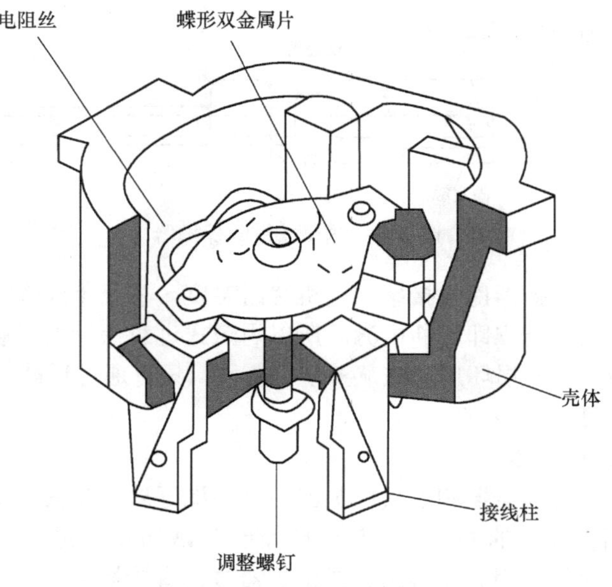

图 2.41　蝶形保护器结构

所示。保护器电热丝与压缩机共用接线柱，电路为串联，双金属片紧贴压缩机壳体。常温下，保护器触点呈接通状态，当压缩机工作电流过大时，大电流通过电阻丝使其急剧升温，在10s内使双金属片受热烘烤上翘，将触点断开，切断压缩机电源。另一种情况下，虽然压缩机电流不大，但其壳体过热，温度达到100～135℃时，保护器双金属片也会受热烘烤上翘，将触点断开，切断电源。保护器动作后，经过3～5min，温度自然降低至55～84℃之间，双金属片复位，压缩机将重新接通电源开机。蝶形保护器在双金属片受热上翘、降温下翘时，均能发出“啪”的响声，若能听到响声，应及时切断电冰箱电源，待查出热保护器动作原因后，再恢复使用。

知识链接

选择蝶形保护器时，既要注意保护器功率与压缩机功率匹配，又要兼顾到启动器的动作电流、回复时间。回复时间不匹配，动作次数频繁，压缩机反复通电（却未必能启动或正常运转），不但使保护器寿命缩短，而且会威胁到压缩机的安全。更换新保护器时，可将保护器串联在300W电炉丝上，再接入额定电源，通过试验验证它的动作是否可靠。一般来说，保护器通过的电流超过压缩机额定电流1.2～2倍时，通电时间不大于30s，保护器应有动作，起到保护作用。

2）内藏式过载保护器。

内藏式过载保护器的结构如图2.42所示。这种保护器在制造压缩机时就预先埋在电机绕组内，串联在公共绕组中，起到对电机的过载、过热保护功能。当绕组由于某种故障使温度升高而超过允许范围时，过载保护器内的双金属片发生弯曲变形，断开触点，切断电动机电源，从而起到保护电动机的作用。

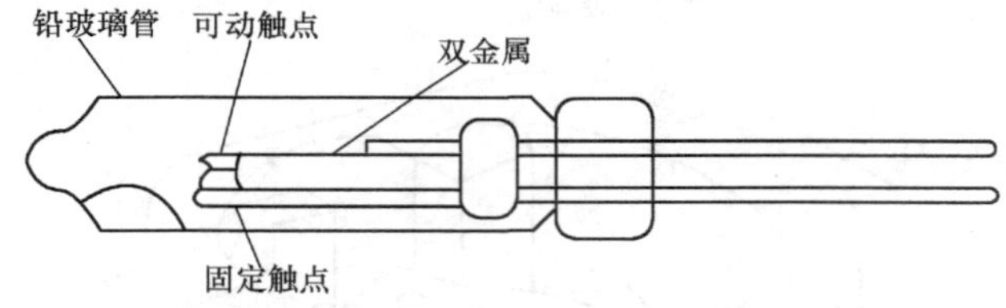

图2.42　内藏式过载保护器

由于内藏式过载保护器能直接感知电机绕组温度，不管什么原因，只要绕组温度超出允许范围，保护器都能立即切断电源。所以内藏式过载保护器灵敏度高、动作可靠、不易损坏。但这种保护器损坏后无法从外观上鉴别，只有通过过载试验确定，而且失灵或损坏后，无法修复。

3）组合式启动保护器。

此保护器是将启动继电器和过载保护器独立装配好后组装在一个金属架上，再将整个架子安装在压缩机壳体的外壁上，其外形如图2.43所示。它既能完成压缩机启动任务，又能起到过载保护作用。安装组合式保护器时，直接插压在压缩机三个接线柱上，安装、拆卸都很方便。但这种保护器只能与专用固定架的压缩机配套使用。

4. 温控器

图 2.43　组合式启动保护器

（1）温控器的作用

电冰箱温度控制器简称温控器，是电冰箱的调温、控温装置，又称作温度开关、温度继电器。它的作用是自动控制电冰箱压缩机的启动、停止，即在电冰箱内温度降低到预定值后，自动停止压缩机；而在电冰箱内温度向上回升时，又自动启动压缩机制冷，以使电冰箱内的温度保持在给定范围内。

（2）温控器的分类

温控器可分为压力式（机械式）温控器和电子式温控器两种。压力式温控器通过感温管对温度进行检测，再通过机械系统对压缩机供电系统进行控制，进而实现温度控制。电子式温控器通过二极管的PN结或者热敏电阻作为感温元件对温度进行检测，再通过继电器或晶闸管对压缩机进行控制，进而实现温度控制。

压力式温控器又分为 WPF 系列普通型温控器、WDF 系列定温复位型温控器、WSF 系列按钮式半自动化霜型温控器和 WMF 系列温感风门型温控器。

1）WPF 系列普通型温控器又称一般型或标准型温度控制器，其外形如图 2.44 所示。主要用于人工除霜的普通单门直冷式电冰箱，或用于全自动除霜控制的间冷式双门电冰箱，对冷冻室温度进行控制。这种温控器一般用两个接线端子串接在控制回路，不设手动开关。在调整温控器挡位时，其所控制的开停机温度都会随挡位的变化而变化，当增大挡位（调温旋钮顺时针旋转）时，所控制的开、停机控温点都会下降，减小挡位时控温点上升。

2）WDF 系列定温复位型温控器。这种温控器与普通型温控器的构成和工作原理基本相同，其外形如图 2.45 所示。这种温控器的特点是挡位旋钮只影响停机温度，对开机温度没有影响，无论调大挡位或调小挡位，电冰箱的开机温度始终不变。当调大挡位时（顺时针调整），停机温度点下降，调小挡位时停机温度点上升。因为调整挡位不影响开机温度，所以被称作是定温复位型温控器，此种温控器的固定开机温度一般为 5℃±1.5℃。定温复位型温控器多用于双门双温型电冰箱的冷藏室中，温控器的感温管端部一般固定于冷藏蒸发器的表面。

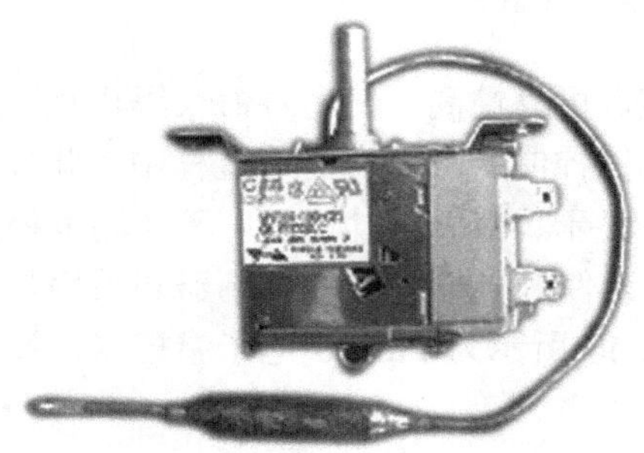
图 2.44　WPF 系列普通型温控器外形

图 2.45　WDF 系列定温复位型温控器外形

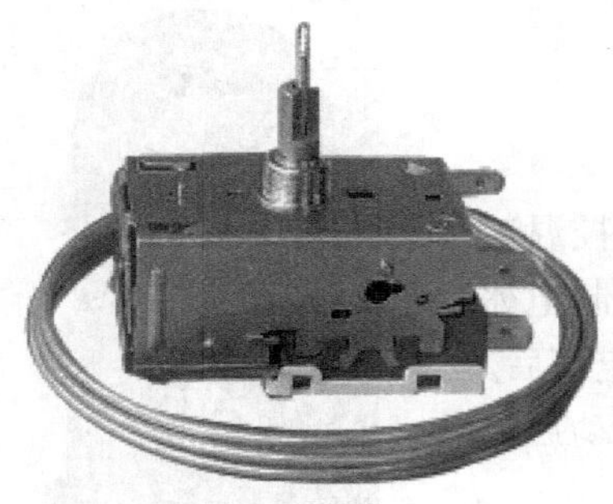

图 2.46　WSF 系列按钮式半自动化霜型温控器外形

3）WSF 系列按钮式半自动化霜型温控器。这种温控器主要用在各种直冷式电冰箱中，与普通型温控器相比，除了可控温度外，还可以进行手动化霜控制，其外形如图 2.46 所示，当蒸发器表面结霜过厚时，按下温控器的化霜按钮，可强制断开温控器内的动静触点，压缩机停转，开始化霜。当蒸发器表面温度达到设定的温度后，感温管内的压力增大，通过主架板产生的推力超过化霜平衡弹簧和化霜控制板的阻力后，不仅化霜按钮弹起，结束化霜，而且使动静触点吸合，压缩机恢复运转，开始制冷。

4）WMF 系列温感风门型温控器。这种温控器主要用于双门间冷式电冰箱，对冷藏室的温度进行控制，与冷冻室温控器相配合，可对冷冻室和冷藏室温度分别进行控制，其安装位置和结构外形如图 2.47 所示。风门温控器都有一根细长的感温管，装在出风口附近的风道内，以检测循环冷风风温的变化。转动温度调节钮可对循环风量进行调节，从而控制冷藏室温度的高低。

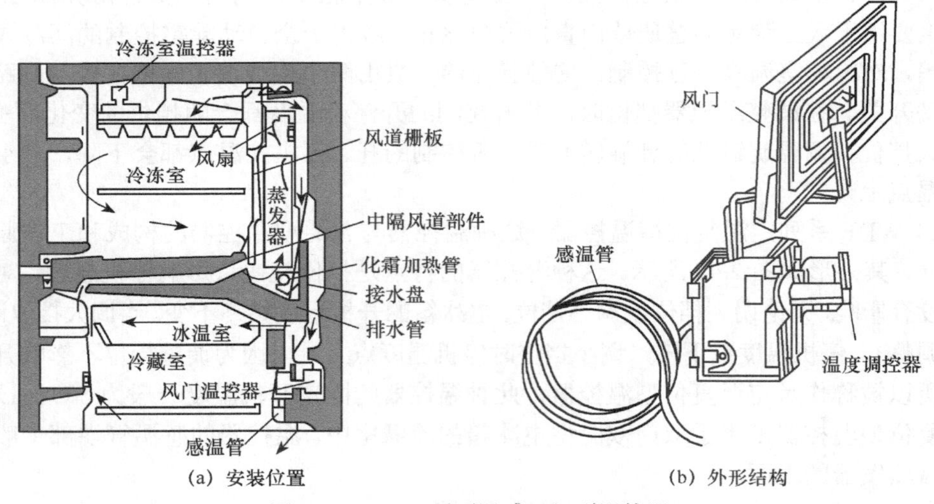

(a) 安装位置　　(b) 外形结构

图 2.47　WMF 系列温感风门型温控器

电子式温度控制器具有控温精确、工作稳定、可靠性高、使用寿命长等优点，广泛应用在房间温度控制、压缩机启停控制、风机启停控制、除霜控制等过程中。此外，电子式温度开关通常还会整合其他一些诸如计时、显示、报警等功能。电子式温度控制器可分为两种类型：采用二极管的 PN 结作为感温元件的半导体温度控制器和采用热敏电阻作为感温元件的热敏电阻式温度控制器。图 2.48 所示为 PT100 电子温控器，属于热敏电阻式温度控制器。

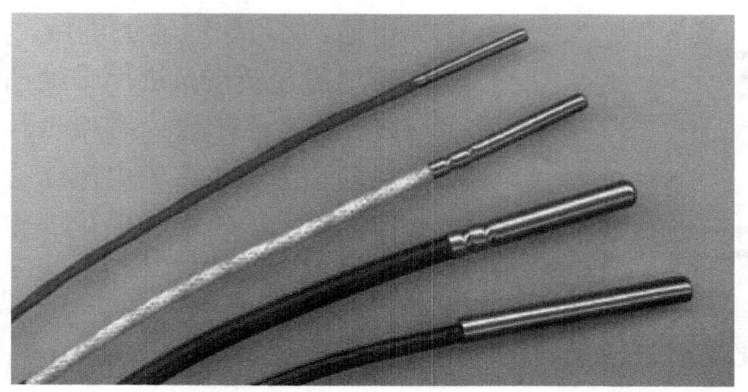

图 2.48　PT100 电子温控器

5. 电加热及其控制部件

（1）加热器

加热器就是进行升温的器件。按电冰箱采用的功能可分为化霜加热器、防凝露加热器、防冻加热器、温度补偿加热器等。本节仅介绍应用较多的化霜加热器和防凝露加热器。

化霜加热器：在直冷式电冰箱中，化霜加热器是通过在蒸发器表面粘贴加热丝来构成的。而间冷式电冰箱的化霜加热器是通过在翅片蒸发器的盘管上安装加热丝来构成的。化霜加热器的功能就是对蒸发器加热，实现化霜控制。

防凝露加热器：防凝露加热器是在箱门两侧安装加热丝来构成的，它的功能是对箱门两侧加热，以免箱门两侧结露而破坏漆层。目前，部分电冰箱未单独设置防凝露加热器，防凝露功能由一部分冷凝器完成。

（2）化霜定时器

化霜定时器的功能是定时控制化霜加热器加热以及加热时间的长短。常见的化霜定时器外形如图 2.49 所示。

化霜定时器由电机、齿轮箱、开关箱等构成，其结构如图 2.50 所示。

图 2.49　化霜定时器外形

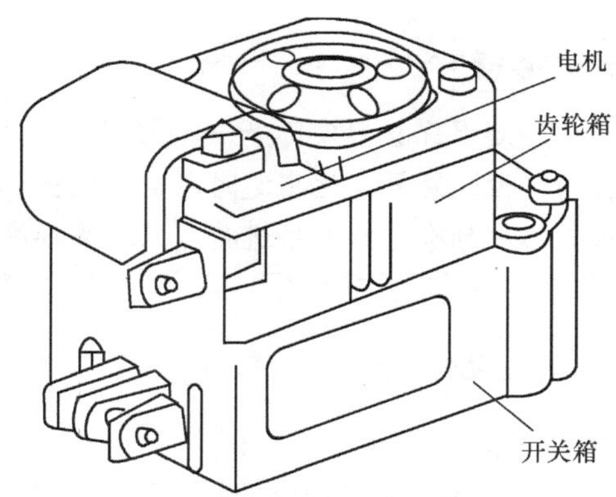

图 2.50　化霜定时器结构

化霜定时器内的开关（触点）不仅串联在压缩机供电回路中，而且还控制化霜供电

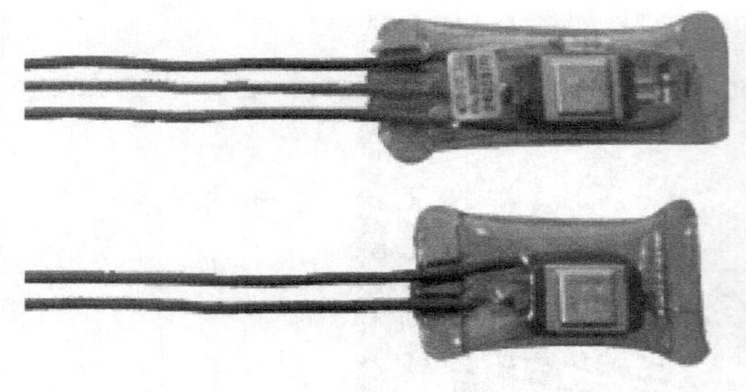

图 2.51 化霜温控器外形

电路。化霜定时器通电后，它内部的电机旋转，带动齿轮转动，进而带动凸轮做间歇运动，每隔 8h 接通一次化霜加热器的供电电路，开始化霜。接通化霜供电电路时，切断压缩机的供电回路，使压缩机停止工作，其余时间接通压缩机供电回路。

（3）化霜温控器

化霜温控器（双金属温控开关）的作用是控制加热器的加热温度，它的外形如图 2.51 所示。

化霜温控器在电冰箱内的位置如图 2.52 所示，其结构如图 2.53 所示，主要由热敏器、双金属片、销钉、触点、触点簧片等组成。

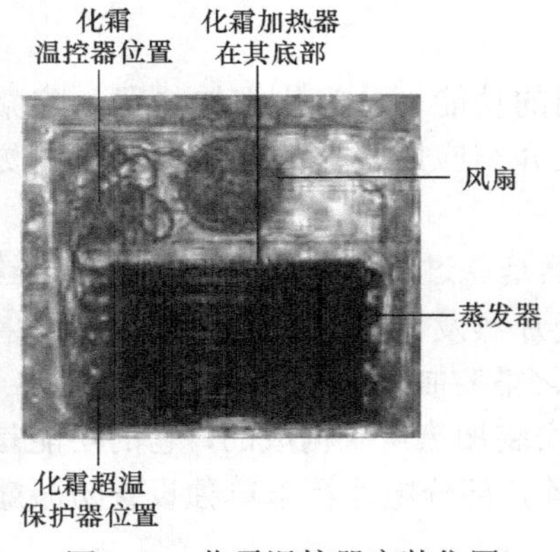

图 2.52 化霜温控器安装位置

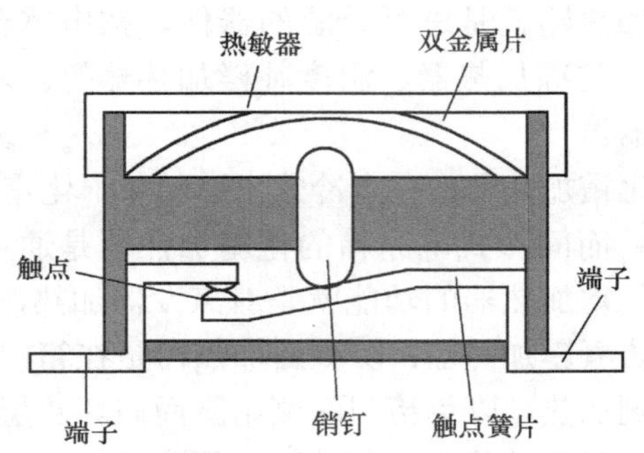

图 2.53 化霜温控器内部结构

（4）化霜超温保护器

化霜超温保护器的作用是防止化霜温控器异常导致加热温度过高，烤坏冷冻室蒸发器、冷冻室内胆或引起其他故障。

知识链接

化霜超温保护器实际是一个熔断器，只能起到一次保险作用。熔断器熔断后，不能自动复位或修复，化霜定时器电机线圈仍处于被短接状态，其触点无法跳回接通压缩机回路，制冷也就无法进行，只有更换熔断器后，才能使压缩机正常运转。

6. 其他配件

（1）门灯

门灯是电冰箱的照明部件，安装在冷藏室的控制盒内，如图 2.54 所示。电冰箱门灯有灯泡照明和 LED 照明两种，它在箱门打开后就会点亮，而在关闭箱门时自动熄灭。

（2）门开关

电冰箱的门开关外形如图 2.55 所示。电冰箱采用的门开关有两种：一种是照明灯开关，另一种是风扇电机控制开关。任何电冰箱都需要安装照明灯开关，而风扇电机开关应用于间冷式电冰箱。虽然这两种开关都安装在门框上，但它们的工作方式截然相反。照明灯开关是在箱门打开时接通，使照明灯亮。风扇电机开关在箱门关闭时接通，使风扇电机旋转，进行制冷；当打开箱门时，开关断开，使风扇电机停转，实现节能控制。

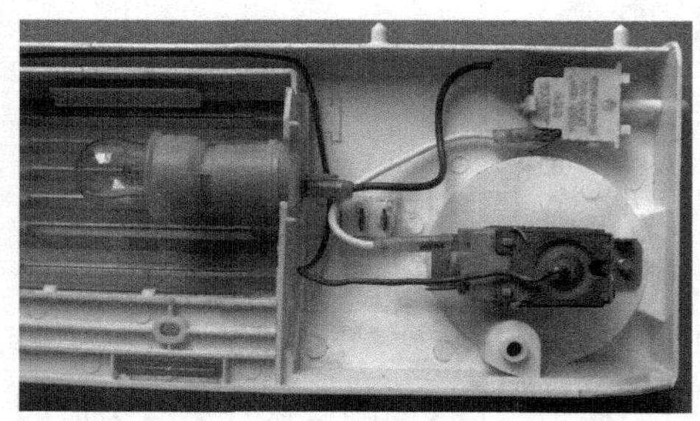

图 2.54　门灯安装位置

图 2.55　门开关外形

（3）风扇电机

风扇电机用于间冷式电冰箱中，它由交流电机和扇叶两部分组成，如图 2.56 所示。

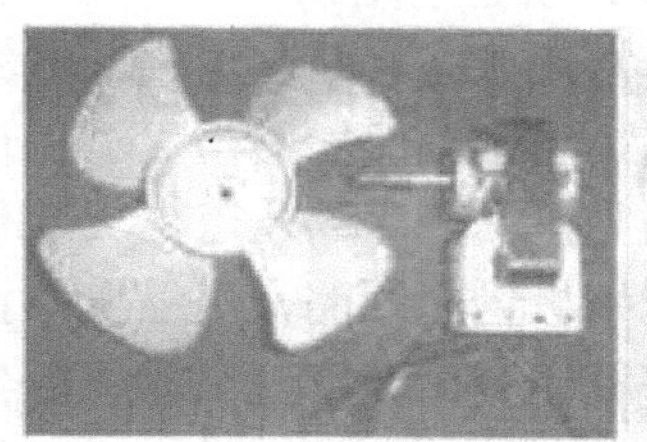

图 2.56　电冰箱风扇电机

风扇电机通电后，产生磁场驱动转子旋转，带动扇叶旋转，将蒸发器产生的冷气吹向冷冻室和冷藏室。由于该电机工作在低温、高湿的恶劣环境中，所以要求采用免注润滑油的电机，转速为 2100～2500r/min，噪声低于 35dB（测量距离为 0.6m）。

二、典型电冰箱电气控制系统

1. 普通直冷式电冰箱电气控制系统

普通直冷式电冰箱的电气控制系统根据压缩机启动方式不同，有重锤启动式、PTC 启动式两类。

（1）重锤启动式电气控制系统

1）重锤启动式电冰箱典型电气控制电路。

图 2.57 所示为重锤启动式电冰箱典型电气控制电路，电路工作原理及具有的控制功能如下。

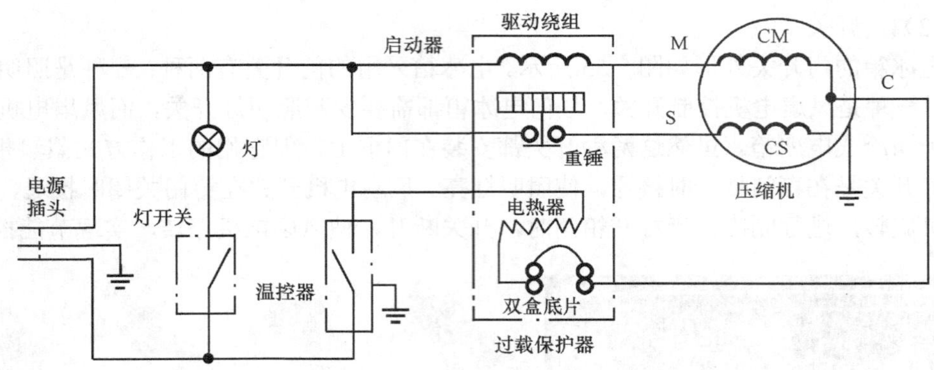

图 2.57　重锤启动式电冰箱典型电气控制电路

启动：当电冰箱内较高的温度被温控器的感温管检测到后，温控器的触点接通，220V 交流电通过温控器的触点、启动器驱动绕组、压缩机运行绕组 CM、过载保护器构成的回路产生较大的电流。这个电流使启动器驱动绕组产生较强的磁场，使启动器的衔铁（重锤）被吸动，启动器触点接通，压缩机启动绕组 CS 得电，电机形成磁场，驱动转子转动。当电机转速提高后，回路中的电流开始下降，使启动器的驱动绕组磁场减小。当电磁力下降到不能吸动衔铁时，启动器的触点断开，启动绕组停止工作，电机正常运转。当压缩机正常运转后，运行电流降到额定电流。

过载保护：过载保护器触点正常时处于常闭状态，但在电机过电流或压缩机壳体温度过高时自动转入断开状态，起到保护作用。因过载保护器与压缩机运行绕组串联，当压缩机过载时电流增加，使过载保护器内的电热器产生的压降增大而使其发热，双金属片会因受热迅速变形，使触点断开，切断压缩机供电回路，压缩机停止转动。另外，因过载保护器紧固在压缩机的外壳上，当压缩机的壳体温度过高时，也会导致过载保护器内双金属片受热变形，切断压缩机供电电路，压缩机继续运转。过载保护器接通、断开时会发出“咔哒”的声音，因此压缩机不能正常运转且过载保护器有规律的发出响声时，说明压缩机不能正常工作，导致过载保护器进入保护状态。

温度检测、控制：温控器的感温管固定在蒸发器表面上，当感温头检测的温度达到设置要求时，温控器的触点被断开，切断压缩机的供电回路，压缩机停转，电冰箱正常制冷。压缩机停转后，随着箱内温度的升高，当感温管检测到温度升高到一定值时，自动使温控器的触点接通，再次为压缩机供电，压缩机开始运转，电冰箱进入下一轮的制冷状态。

照明灯控制：冷藏室箱门关闭时，位于冷藏室箱门门框的门灯开关受挤压而断开，切断照明灯的供电回路，照明灯不亮。但打开冷藏室箱门时，门灯开关弹出处于接通状态，使照明灯开始发光。

2）具有速冻功能的重锤启动式电冰箱电路。

图 2.58 所示电路具有速冻功能，接通速冻开关后，电压通过电阻限流使黄色指示灯发光，同时为压缩机供电，该电冰箱工作在速冻状态。由于温控器被速冻开关短路，所以压缩机运行时间不再受温控器的控制，箱内温度会持续下降，实现速冻。

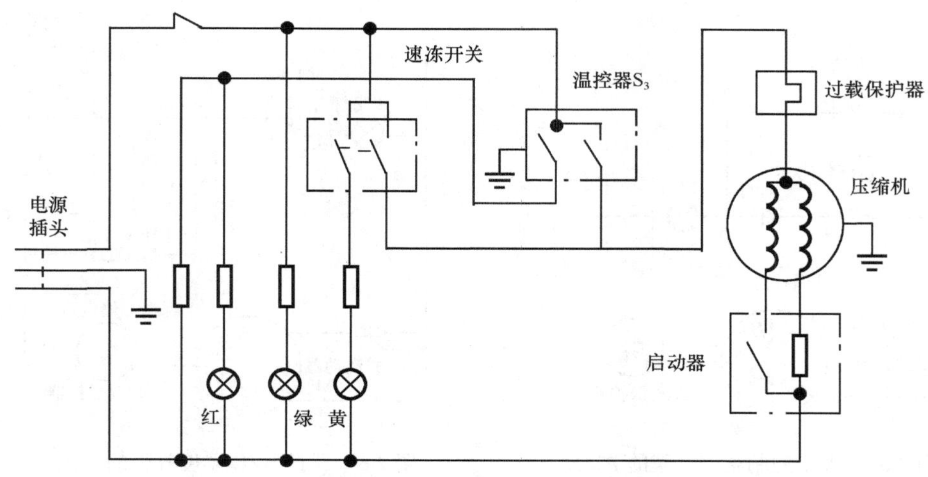

图 2.58　具有速冻功能的重锤启动式电冰箱电气系统电路

3）具有温度补偿功能的重锤启动式电冰箱电气系统。

图 2.59 所示电路为具有温度补偿功能的重锤启动式电冰箱电气系统电路，当温控器 S_3 的触点接通后，短接低温补偿电路，使其无法加热，而且使压缩机运转，开始制冷。当箱内温度达到预定值时，温控器 S_3 的触点断开，切断压缩机的供电回路，制冷结束。此时若接通低温补偿开关 S_2，市电电压通过压缩机的运行绕组、过载保护器、加热器 R_1、电阻 R_2 和开关 S_2 构成的回路对 R_1 加热，冷藏室温度升高，从而避免了环境温度过低时电冰箱不启动或停机时间过长，产生的冷藏室温度过低，而冷冻室温度偏高的异常现象。同时，R_2 两端产生的压降使指示灯 D_1 发光，表明该机工作在低温补偿状态。

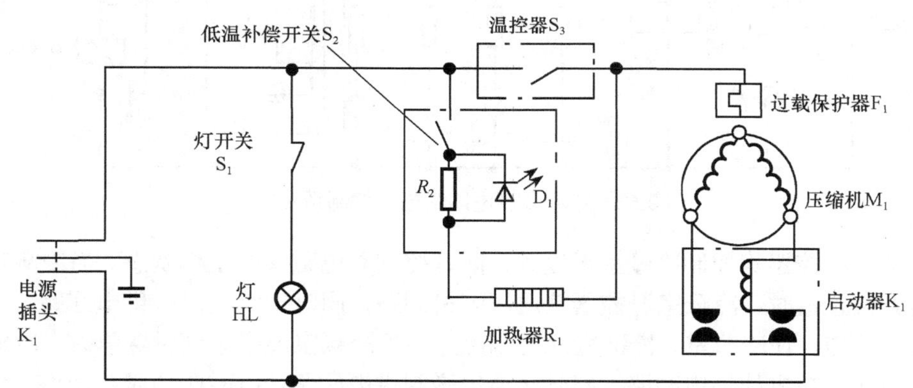

图 2.59　具有温度补偿功能的重锤启动式电冰箱电气系统电路

（2）PTC 启动式电气系统

图 2.60 为人工控制温度补偿的 PTC 启动式电冰箱电气系统电路，图 2.61 为门灯兼作低温补偿的电气系统电路。此类启动式电气系统和重锤启动式电气系统的区别仅在于启动过程，其他相同。

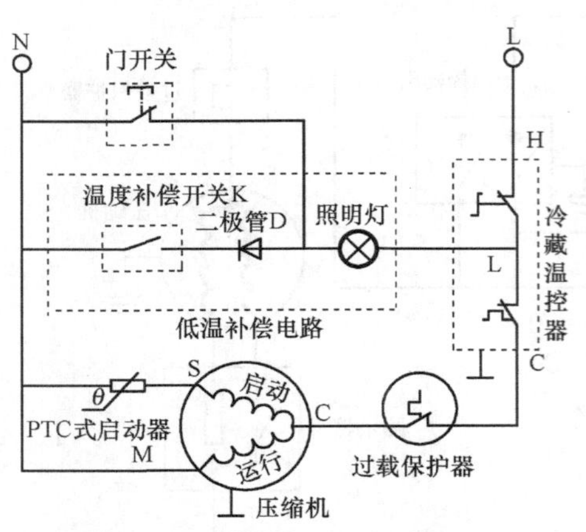

图 2.60 人工控制温度补偿的 PTC 启动式电冰箱电气系统电路

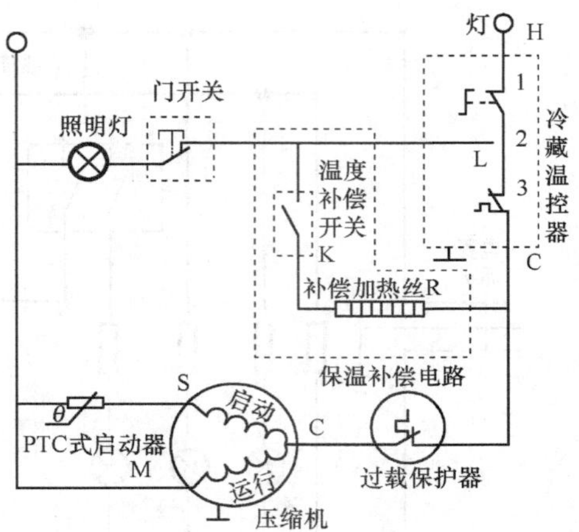

图 2.61 门灯兼作温度补偿的 PTC 启动式电冰箱电气系统电路

2. 双温双控直冷式电冰箱电气控制系统

双温双控直冷式电冰箱电气控制系统电路如图 2.62 所示，与普通电气系统相比，双温双控直冷式电冰箱电气控制系统多了一个冷藏室温控器和电磁换向阀（简称电磁阀）。

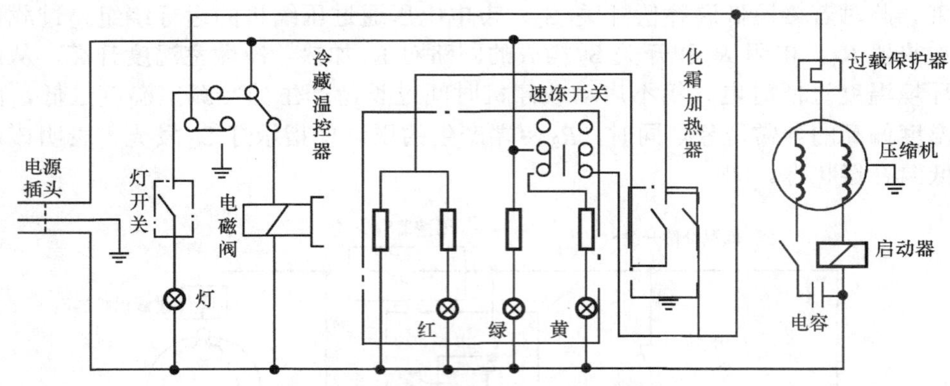

图 2.62 双温双控电冰箱电气控制系统电路

冷藏室温控器除控制冷藏室温度外，同时控制着电磁阀的工作状态。当冷藏室温度没有达到设置值时，冷藏室温控器接通压缩机回路，同时切断电磁阀供电回路，电磁阀的阀芯不动作，使冷藏室、冷冻室同时制冷。但当冷藏室温度达到设置值时，冷藏室温控器便切断压缩机的供电回路，同时接通电磁阀供电回路，电磁阀的阀芯动作，使冷冻室单独制冷。

3. 间冷式电冰箱电气控制系统

间冷式电冰箱是依靠冷冻室内的风扇强制空气加速循环，加快蒸发器进行热交换的速度，从而达到冷却食品的目的。间冷式电冰箱与直冷式电冰箱的不同之处主要是在风扇电机控制电路和自动化霜电路。典型的间冷式电冰箱的电气控制系统电路如图 2.63 所示。

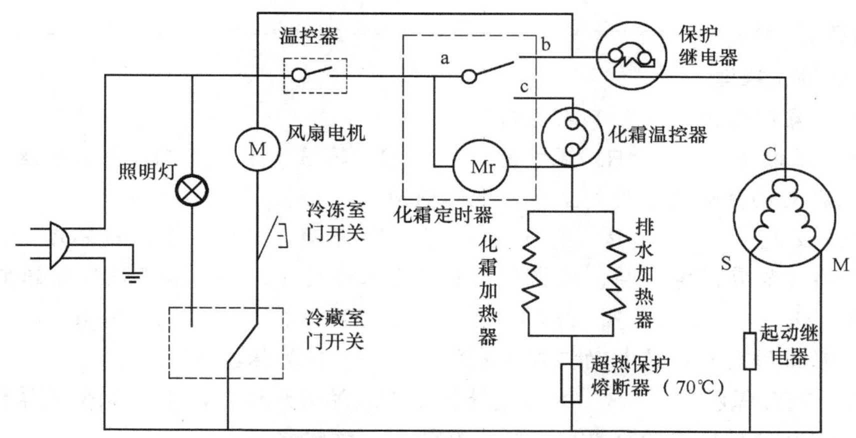

图 2.63　间冷式电冰箱电气控制系统电路

（1）间冷式电冰箱电气控制系统电路的构成

该电路包括：由温控器、压缩机、PTC 启动继电器和过载保护器构成的启动保护与控制电路；由化霜定时器、化霜温度控制器、化霜加热器和超热保护熔断器（化霜超温保护器）构成的全自动除霜控制电路；由排水加热器构成的加热防冻电路；由风扇电机、照明灯和两个门开关组成的通风照明电路四部分。

（2）间冷式电冰箱电气控制系统的工作原理

1）压缩机启动保护与控制电路。

当电冰箱正常制冷时，化霜定时器 a、b 触点接通，压缩机的控制由温控器来实现。同时温控器触点闭合时，化霜定时器会进行计时。

2）全自动除霜控制电路。

当化霜定时器累计计时 8h 后，化霜定时器开关触点进行转换，ab 触点断开，ac 触点接通（化霜温控器阻值很小，将化霜定时器定时电机短路），由化霜加热器对翅片式蒸发器进行除霜。随着霜层逐渐融化，蒸发器的温度会上升，当上升到化霜温控器的触点达到跳开温度时，触点跳开，切断化霜加热器电源，停止加热。与此同时，化霜定时器中的电动机 Mr 开始转动，使化霜定时器的开关触点在 2min 后复位（即 ac 断开，ab 接通）。压缩机重新开始运转，蒸发器温度逐渐下降，化霜定时器重新开始计时。

若化霜温控器因故障无法断开时，蒸发器温度不断上升，化霜超温保护器起到超温保护作用，当蒸发器温度上升到 70℃左右时，化霜超温保护器会自动熔断，切断化霜电路。

3）加热防冻电路。

排水加热器的作用是防止化霜水在排水管中冻结，导致排水管堵塞。

4）通风照明电路。

门开关有冷冻室门开关和冷藏室门开关。照明灯由冷藏室门开关控制，门打开开关闭合，门灯亮，反之灯灭。风扇由冷藏室门开关和冷冻室门开关共同控制，当任何一个门打开时，风扇停转，只有当两个门同时关闭时，风扇才会转动。

课后练习

一、单项选择题

1. 电冰箱门灯由（　　）来控制。

A. 压缩机　　B. 温控器　　C. 箱门　　D. 电加热丝

2. PTC启动器随着温度的上升，电阻值应（　　）。

A. 变大　　B. 变小　　C. 不变　　D. 说不定

3. 全自动除霜的电冰箱，除霜加热器停止工作约（　　）后压缩机开始工作。

A. 8h　　B. 2min　　C. 2h　　D. 5min

4. 一般家用电冰箱的电动机都是采取（　　）作为保护装置。

A. PTC保护器　　B. 重力式保护器　C. 弹力式保护器　D. 双金属保护器

5. 单相电动机按启动分类，有阻抗分相式、电容起动式、（　　）。

A. 电容运转式和电抗启动电抗运转式

B. 电容运转式和电容启动电容运转式

C. 电感运转式和电抗启动电容运转式

D. 电感运转式和电容启动电容运转式

6. 单相异步电动机采用电容运转方式的特点是（　　）。

A. 需要一个启动器和一个电容　　B. 需要一个电容，不需要启动器

C. 需要一个启动器和两个电容　　D. 需要两个电容，不需要启动电容

7. PTC启动器的急剧升温使阻值变大是因为电动机（压缩机）在启动时（　　）。

A. 启动电流很大所致　　B. 启动电压很高所致

C. 启动转速很高所致

二、判断题

1. 由于PTC元件的热惯性，所以重新启动必须待其温度降至临界点以下。（　　）

2. 重锤式启动器可以水平安装。（　　）

3. 选择蝶形保护器时，要考虑其功率与压缩机功率相匹配，不必考虑其回复时间。（　　）

4. 普通型温控器的缺点是制冷温度预定值无法调节，出厂时就已经设置好。（　　）

5. 温度控制器是通过控制制冷压缩机的运转和停止，从而保持冰箱内温度在一定范围内。（　　）

6. 压力式温度控制器感温剂泄漏后压缩机不停机。（　　）

7. 电子式温控器有一套机械机构，用感温管感应温度。（　　）

三、填空题

1. PTC启动器是一种________电阻。

2. 家用电冰箱压缩机电机一般采用________。

3. 家用电冰箱运行绕组以________表示，启动绕组用________表示。

4. 电子式温控器分为两种类型，分别是以________和________作为感温元件的温度控制器。

5. 电冰箱除霜方式有________、________和________三种。

学习单元三

电冰箱的维修

电冰箱作为常用的家用电器，在对其进行维修时，必须要掌握一定的维修技能，才能避免在维修过程中发生事故或造成电冰箱其他部位的损坏。本单元需要掌握的主要内容为

1．制冷工专用工具的使用，如割管器、胀管扩口器等。
2．氧气-乙炔焊原理及操作技巧。
3．电冰箱的调试维修方法。
4．电冰箱故障的判断及检修。

项目一　制冷工基本操作技能训练

任务书

- 熟练使用割管器、胀管扩口器等制冷专用工具，掌握铜管的加工技巧。
- 掌握氧气-乙炔焊接工作原理，熟练的对铜管进行焊接。

任务一：管路加工与制作

电冰箱制冷系统管路多为铜管，铜管的加工与制作是小型制冷设备维修的基本操作技能，能够熟练使用制冷专用工具是进行制冷设备组装和维修工作的关键。

一、割管

1．割管工具

（1）割管器

割管器是专门切割铜管和铝管的工具，用于切割直径在 3～25mm 的金属管，分为大小两种，一般由支架、滚轮、刀片和手柄组成，其外形如图 3.1 所示。

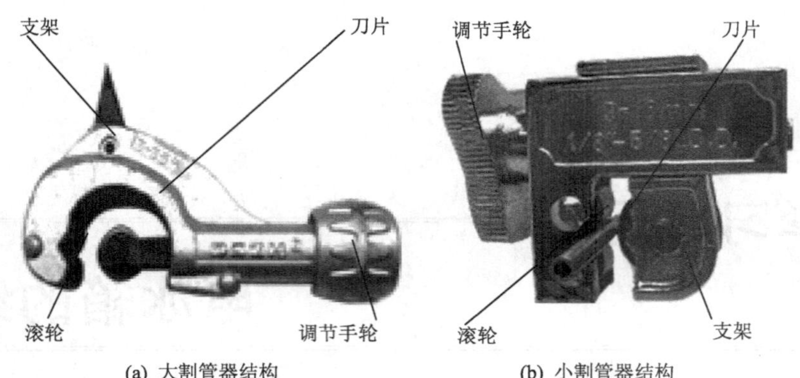

(a) 大割管器结构　　(b) 小割管器结构

图 3.1　割管器的结构外形

(2) 倒角器

倒角器是用来整理铜管断口毛刺、卷边的专用工具，由三把均匀分布且成一定角度的刮刀装在一段塑料管子里。这三把刮刀在端部互成钝角，在另一端互成锐角，其外形如图 3.2 所示。

2. 割管操作

(1) 操作方法

1）将待切断的铜管放在割管器的刀片与滚轮之间，使割管器与铜管垂直，铜管的外壁要紧贴两个滚轮的中间位置，使刀片和滚轮朝外或朝上，便于看清切割位置，如图 3.3 所示。

图 3.2　倒角器外形

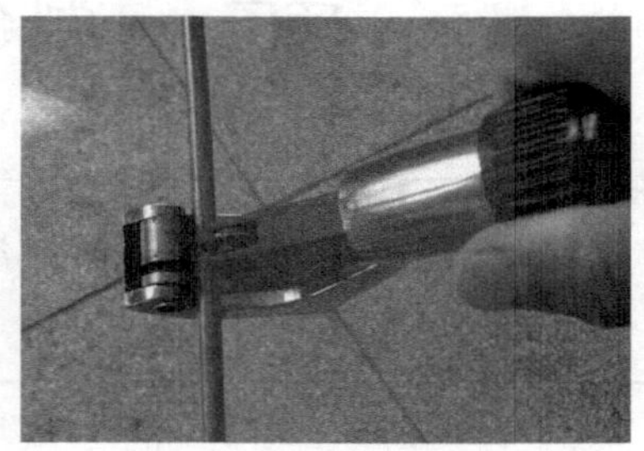

图 3.3　割管操作

图 3.4　操作倒角器

2）顺时针旋转割管器手轮，使刀片顶住铜管，然后顺时针旋转割管器，在旋转割管器的同时旋转手轮进刀，大约割管器每旋转两周进刀一次，在进刀时，进刀速度要慢，用力要小（进刀一般拧紧手轮的 1/4 圈）。

3）在铜管即将切断前，取下割刀，用手折断铜管，可减少断口毛刺。

4）管子割断后，断口处会出现管壁收缩、内径变小的卷边现象，用倒角器刮除卷边，操作方法如图 3.4 所示。

（2）操作注意事项

1）切割前需要将铜管展直，若铜管弯曲会造成断面倾斜，或端口不平，给进一步加工带来麻烦。

2）旋转割刀时不能左右晃动，否则会损坏刀片。

3）旋转手轮进刀时不宜过深，过分用力进刀会增加毛刺，或将铜管压扁。

4）使用倒角器时，铜管管口尽量朝下，以避免金属进入管道，而且不能用硬物敲击倒角器。

二、弯管

1. 弯管工具

（1）杠杆式弯管器

弯管器是用来弯曲直径小于20mm的铜管、铝管的工具，由弯管角度盘、固定把手和活动把手组成，其结构如图3.5所示。弯管角度盘有不同的规格，可根据导槽大小的不同对不同管径的铜管进行加工。弯管器和铜管有米制和英制之分，其常见的规格有公制6mm、8mm、10mm、12mm、16mm、19mm；英制1/4in、3/8in、1/2in、5/8in、3/4in。

（2）弹簧式弯管器

弹簧式弯管器是用钢丝绕制而成的弹簧，用于弯制直径小于10mm的铜管或铝管，其外形如图3.6所示。弹簧式弯管器也有不同的规格，管径较大的弹簧式弯管器钢丝较粗，绕成的弹簧也较长。

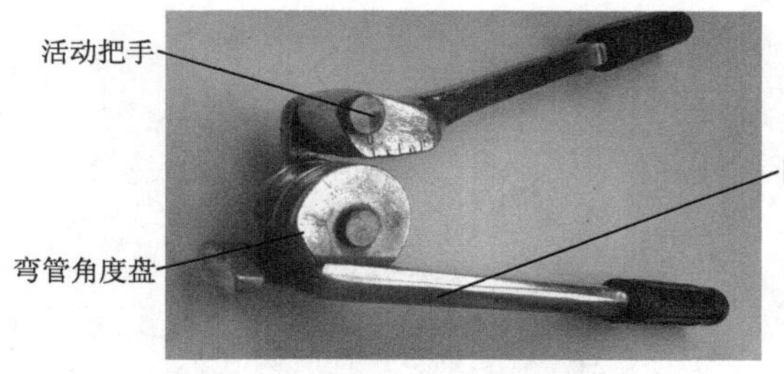

图3.5　杠杆式弯管器结构

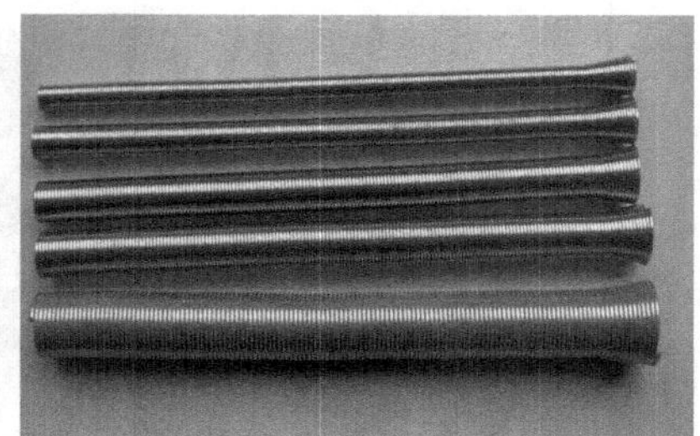
图3.6　弹簧式弯管器

2. 弯管操作

（1）操作杠杆式弯管器

弯管时，将铜管放进弯管角度盘相应管径的槽内，用活动把手的导槽将铜管夹紧，慢慢旋转手柄（顺时针方向）直到所需的角度为止，操作方法如图3.7所示。

使用杠杆式弯管器进行弯管操作的注意事项如下。

1）铜管的弯曲半径不小于铜管直径的5倍。若弯曲半径过小，会使铜管的弯曲部位压扁变形。

2）铜管弯曲角度不大于180°，以免铜管退不出角度盘。

3）转动活动把手弯管时要慢，用力应均匀，以免造成弯管不圆滑。

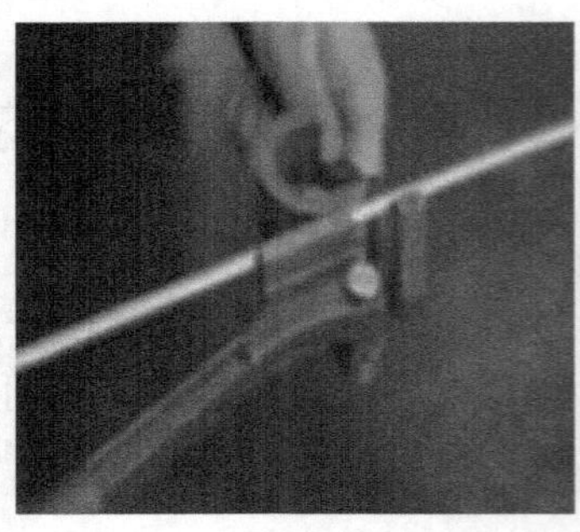
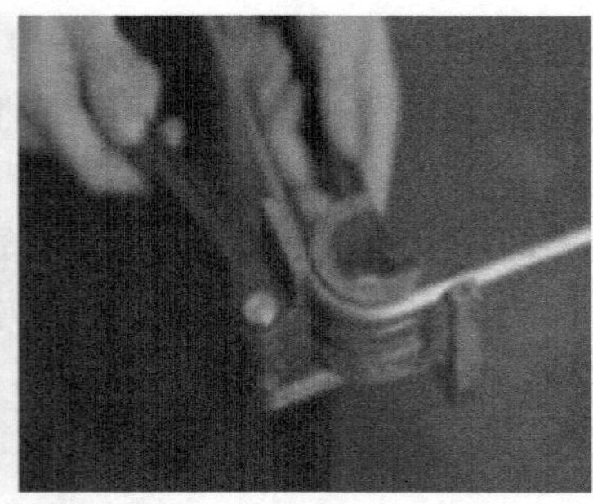

图 3.7　操作杠杆式弯管器

（2）操作弹簧式弯管器

使用弹簧式弯管器进行弯管操作时，将铜管套入内径合适的弹簧弯管器中轻轻弯曲即可，这种方法简便易行，可将铜管弯成环形或任意角度，操作方法如图 3.8 所示。

使用弹簧式弯管器的注意事项如下。

1）弯曲半径不能过小，否则弹簧弯管器不易抽出。

2）不要用管径不匹配的弹簧弯管器，否则会把铜管弯扁。

3）操作时速度不宜过快，用力不宜过猛，以免损坏铜管。

（3）直接用手弯管

这种方法适用于管径较细的铜管或铝管。弯管时双手握住管子，距离不能太大，用拇指的指肚从弯曲的内侧撑住，一只手紧握，另一只手一边滑动，一边慢慢地将铜管弯曲，如图 3.9 所示。

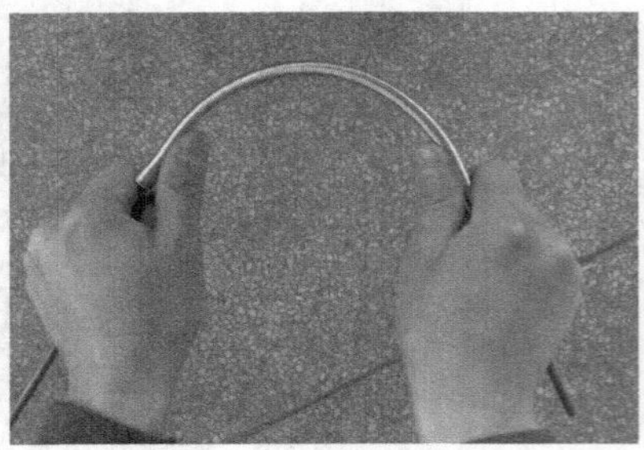

图 3.8　操作弹簧式弯管器

图 3.9　直接用手弯管

直接用手弯管的注意事项如下。

1）管壁较薄时，用力不能过猛，过猛容易使铜管压扁或损坏。

2）弯曲半径不能过小，过小会使铜管压扁、弯死。

三、胀管扩口

1. 胀管扩口工具

（1）胀管扩口器

胀管扩口器可以用于制作杯形口和喇叭口，如图 3.10 所示，其夹具有公制和英制两种。

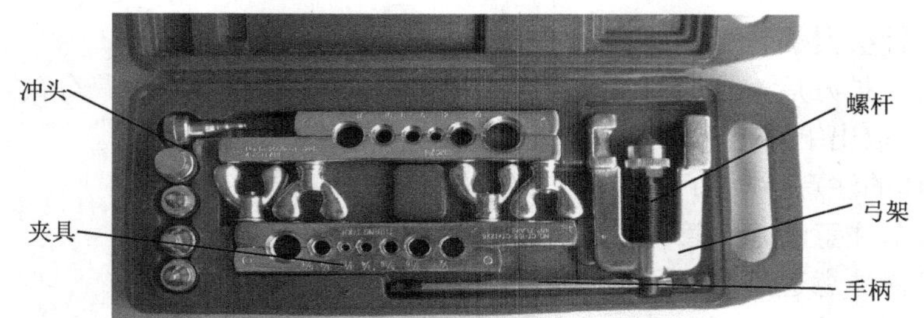

图 3.10　胀管扩口器

（2）偏心型扩口器

偏心型扩口器是专门用于制作喇叭口的工具，如图 3.11 所示，所采用的锥形头为偏心锥形头，夹具有公制和英制两种。

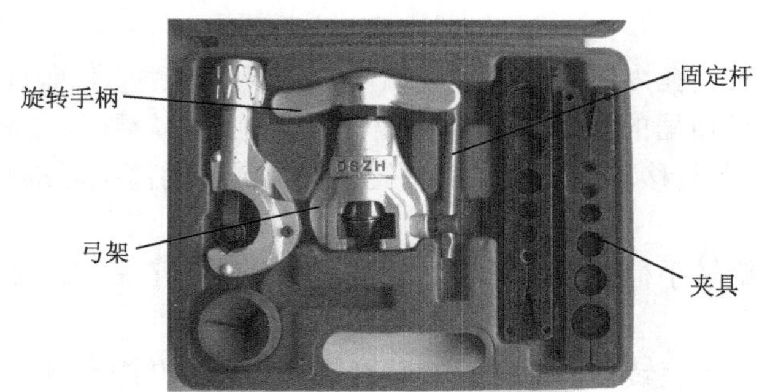

图 3.11　偏心型扩口器

2. 胀管扩口操作

（1）胀管操作

胀管指的是制作杯形口，所采用的工具为胀管扩口器。

1）将铜管置于夹具孔内，铜管露出夹具高度略大于铜管直径，然后将夹具上的两个元宝形螺帽旋紧，夹紧铜管，如图 3.12 所示。

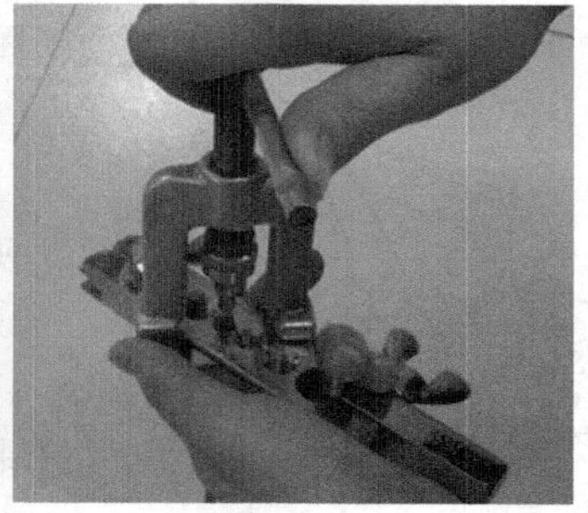

图 3.12　制作杯形口

2）选取合适的杯形口冲头安装到顶压器上，逆时针旋转顶压器手柄，将冲头退回，然后将冲头对准铜管中心插入，旋转顶压器使弓架卡住夹具。

3）顺时针缓慢旋转手柄，将铜管口胀成杯形口。

4）杯形口扩好后，逆时针旋转手柄退回冲头，将顶压器与夹具分离，拧松夹具上元宝形螺帽，取出铜管。

胀管操作的注意事项如下。

1）扩口前注意清除铜管管口的毛刺或收口。

2）胀管前注意选用与管径相同的夹具孔与合适的杯形口冲头。

3）在杯形口冲头未退出铜管之前，不可将顶压器弓架与夹具分离。

（2）扩口操作

扩口指的是制作喇叭口，可以采用胀管扩口器和偏心型扩口器，使用胀管扩口器的步骤与制作杯形口相同，只不过铜管露出夹具的高度及选用的冲头不一致（铜管露出夹具高度为 0～1mm，选用的冲头为锥形头），下面仅介绍使用偏心型扩口器制作喇叭口的方法。

1）将铜管置于夹具孔内，管口朝向喇叭面，铜管露出喇叭口斜面高度 1/3。

2）逆时针松开扩口器的固定杆，再将旋转手柄逆时针旋到最高端，然后将扩口器夹具套入弓架内，沿夹具移动弓架至扩口位置，扩口器上的箭头对准夹具上的刻线，最后锁紧固定杆。

3）顺时针方向旋转手柄，管子扩好后会发出“嗒”的声音，再旋转 2～3 圈，以保证管口光滑、均匀。

4）操作完成后，将旋转手柄逆时针旋转到最高端，松开固定杆，将夹具退出弓架，取出铜管。

扩口操作的注意事项如下。

1）扩口前注意清除铜管管口的毛刺或收口。

2）扩口前注意选用与管径相同的夹具孔。

四、封口

（1）封口工具

小型制冷系统中封闭管路维修完成需要封口时，使用的工具为封口钳，其结构如图 3.13 所示。

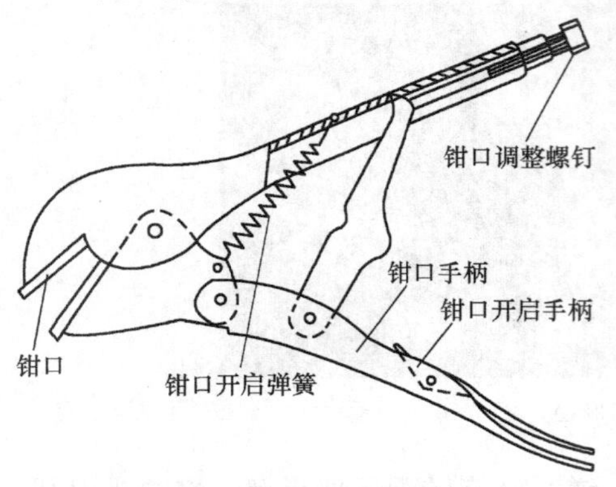

图 3.13　封口钳结构

（2）封口操作

1）根据管壁的厚度调整钳柄尾部的螺钉，使钳口间隙小于铜管壁厚的 2 倍（间隙过大将造成密封不严，间隙过小使铜管容易被夹断）。

2）将铜管夹于钳口的头部，用力紧握封口钳的两个手柄，让钳口把铜管夹扁，同时铜管的内孔会被侧壁挤死使管口封闭。

3）封紧管口后，拨动开启手柄，在开启弹簧的作用下，钳口自动打开。

任务二：管路焊接技能训练

焊接的方法主要有氧气-乙炔气钎焊、交流氩弧焊、自动锡钎焊和闪光对焊等。若连接管件均是铝件时，一般采用交流氩弧焊或铝焊；连接管件是铜、铝接头焊点时，直接焊接十分困难，可换铜铝接头后再焊接；连接管件均是铜件时，一般采用氧气-乙炔气钎焊。电冰箱、空调器的全封闭制冷系统管路均是焊接而成的，在维修过程中，管道的连接和修补也多采用焊接的方法，焊接质量的好坏直接影响着电冰箱、空调器的性能。因此，焊接技术是电冰箱、空调器维修人员必须掌握的一项基本技能。

一、焊接设备和材料

1. 氧气减压阀

氧气减压阀能够将氧气瓶内的氧气压力降低，调节成为钎焊适宜的低压稳定气体，其外观如图 3.14 所示。氧气减压阀连接于氧气瓶与焊接设备之间，一端通过螺母与氧气瓶连接，另一端与胶管直接连接；阀门上部有两块压力表，高压表指示氧气瓶内压力，低压表指示减压后的压力；减压手轮用以调节减压后气体的输出压力，顺时针旋转手轮压力增大，逆时针旋转手轮压力减小。

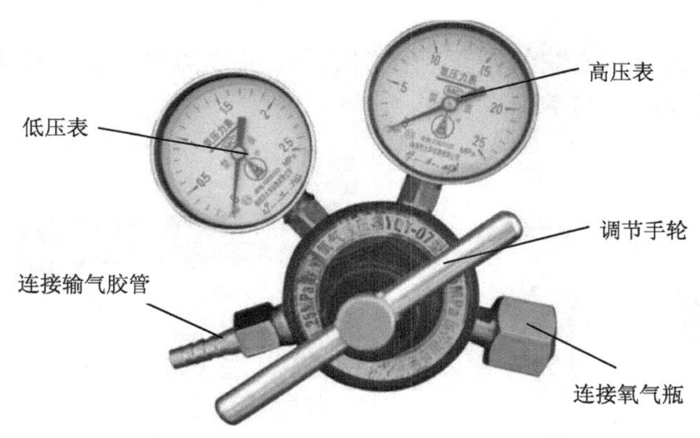

图 3.14　氧气减压阀

2. 氧气瓶

氧气瓶是储存和运输高压氧气的容器，瓶体漆成天蓝色，如图 3.15 所示，其耐压值为 30MPa，满瓶的氧气压力为 15MPa。氧气瓶在运输和使用时要注意以下几点：

1）不能在阳光下暴晒，不能靠近热源，不能磕碰。

2）使用时应妥善可靠地固定，防止撞击和倒下。

3）在使用时必须配备氧气减压阀，并且瓶中的氧气不能全部用完，必须保留一定压力。

4）氧气瓶的使用期限为一年，当达到使用期限后，必须由专业单位进行检验，确定合格并打上“合格”钢字后方可使用。

3. 乙炔气钢瓶

乙炔气钢瓶是储存和运输乙炔气的一种高压容器。钢瓶的容积为 40L，其外形如图 3.16 所示。

图 3.15 氧气瓶

图 3.16 乙炔气钢瓶

4. 焊枪

焊枪是用来使氧气和乙炔气按正确比例混合，并以点燃后的高温火焰来焊接管路接头的工具，其外形如图 3.17 所示。

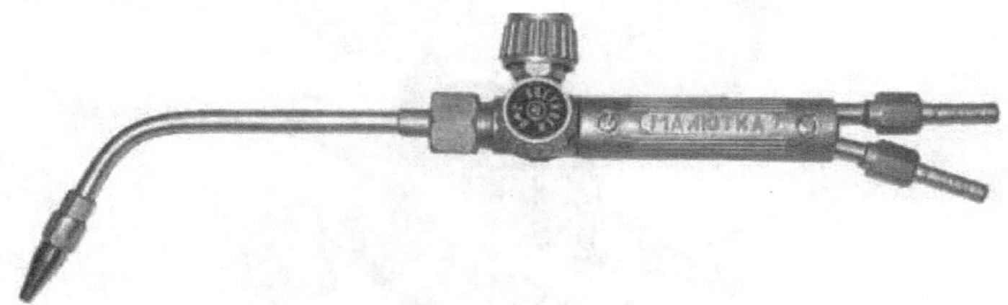

图 3.17 焊枪

5. 便携式焊炬

便携式焊炬由氧气瓶、丁烷钢瓶、焊枪、橡胶输气胶管组成。以丁烷气体为燃气，氧气助燃火焰最高温度达 2500℃左右，其外形如图 3.18 所示。

6. 焊条

在对管路进行焊接操作时，焊条与焊剂是必不可少的辅助材料。氧气-乙炔焊常用的焊条有铜磷焊条、铜银焊条、铜锌焊条，如图 3.19 所示为铜磷焊条。

在对管路进行焊接操作时，如果所焊接的管路都是铜管，最好使用铜磷焊条；如果是铜管与其他材质的管路，最好使用铜银焊条。

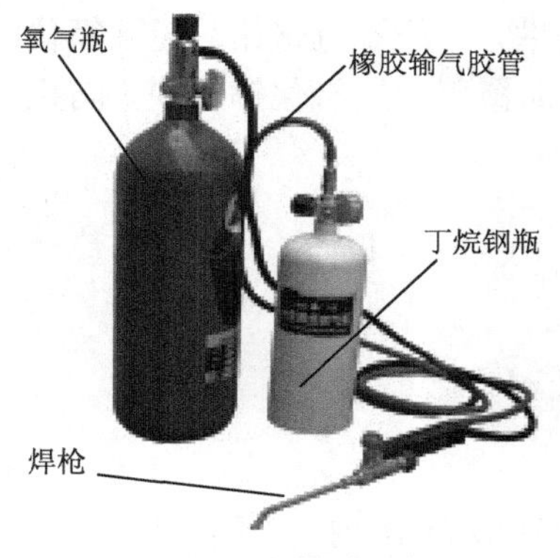

图 3.18　便携式焊炬

图 3.19　铜磷焊条

二、焊接火焰

由于氧气和乙炔的混合比不同，在氧气-乙炔焊接过程中有三种火焰形式：碳化焰、中性焰和氧化焰，如图 3.20 所示。

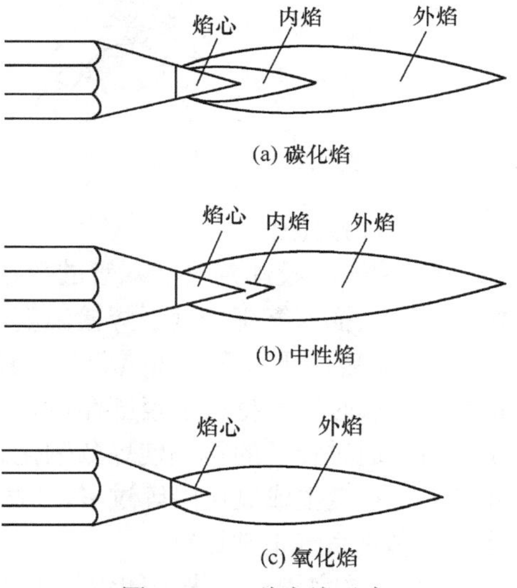

图 3.20　三种火焰形式

（1）碳化焰

氧气和乙炔的混合比小于 1：1 时燃烧所形成的火焰称为碳化焰，碳化焰的火焰比中性焰长。当火焰为碳化焰时，氧气含量少，燃烧不完全，整个火焰比中性焰长，且温度也较低，最高温度约为 2700～3000℃。由于碳化焰中的乙炔过剩，所以内焰中有多余的游离碳，有较强的还原作用。轻微碳化焰适用于气焊高碳钢、铸铁、硬质合金等材料。焊接其他材料时，会使焊缝金属增碳，变得硬而脆。

（2）中性焰

氧气和乙炔的混合比为 1.1：1～1.2：1 时燃烧所形成的火焰称为中性焰。它由焰心、内焰和外焰三部分组成。焰心靠近喷嘴孔呈尖锥状，色白明亮，轮廓清晰，内焰呈蓝白色，轮廓不清，与外焰无明显界限；外焰由里向外逐渐由淡紫色变为橙黄色。中性焰焰心以外 2～4mm 处温度最高，达 3150℃左右，因此气焊时应使焰心离开工件表面 2～4mm，此时热效率最高，保护效果最好。中性焰应用最广，适用于低碳钢、中碳钢、低合金钢、合金铅、锡、镁合金和灰铸铁等材料的焊接以及不锈钢、纯铜、锡青铜、铝及铝合金、铅等材料的焊接。

（3）氧化焰

氧气和乙炔的混合比大于 1.2：1 时燃烧所形成的火焰称为氧化焰。随着氧气调节阀开启程度的增大，内焰将消失，焰心和外焰缩短，焰心变尖并呈淡紫色，火焰挺直，燃烧时发出急剧的“嘶、嘶”声。由于氧气较多，燃烧比中性焰剧烈，温度比中性焰高，可达 3100～3300℃。氧化焰有过量的氧，因此有氧化性，一般不宜采用。轻微氧化的氧化焰适用于气焊黄铜和镀锌铁皮等，因为此时可使表面覆盖一层氧化锌薄膜，防止了锌的蒸发。

三、焊接操作（便携式焊炬）

1. 便携式焊炬操作步骤

（1）焊接前的检查

1）检查各调节阀和管接头处有无泄漏。

2）打开丁烷气瓶阀，观察压力表针是否在规定的压力范围内。

3）打开氧气瓶阀，观察压力表针是否在规定的压力范围内。

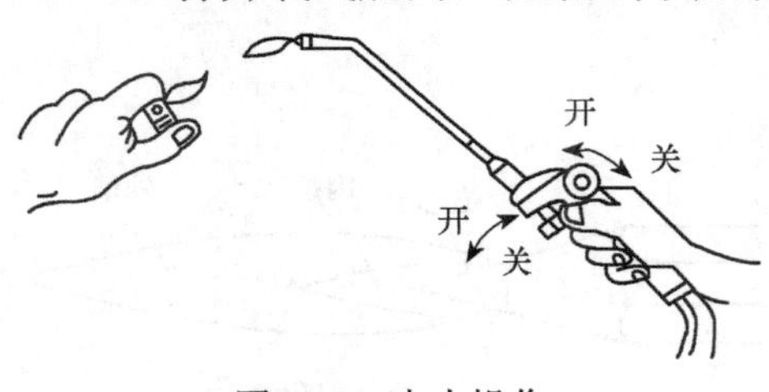

图 3.21　点火操作

（2）点火操作

1）右手拿焊枪，打开焊枪上丁烷气开关并点燃，点火时，焊嘴的气流方向应避开左手，如图 3.21 所示。

2）打开氧气开关，调节氧气和丁烷气的混合比，使火焰呈中性焰。焰心成光亮的蓝色，火焰集中，轮廓清晰。

（3）焊接操作

1）将一小段焊条与插入管的焊接部位接触，加热插入管，直至焊条融化。焊条开始融化时，插入管正好处于焊接温度。

2）加热完插入管，加热套管至樱桃红色，将焊条放在被焊接部位，并使火焰来回移动。加热时不可将焊条紧压在被焊部位，两者轻轻接触即可，不要用火焰直接加热焊条，而应通过管子的传热使焊条融化。焊接时，火焰要强，焊接速度要快。如果焊接时间过长，管道生成氧化磷等过多，这样的氧化物混合后进入系统中，可能会导致毛细管堵塞，影响系统正常运行。

3）焊接完毕后，先关闭焊枪上的氧气阀，再关闭焊枪上的燃气阀，然后关闭氧气瓶上的减压阀，最后关闭氧气瓶与燃气瓶上的高压压力旋钮。

（4）焊接质量检查

对被焊管质量的要求如下。

1）被焊管清洁光亮、无毛刺。

2）焊接点不可锈蚀、无凹凸不平现象。

3）焊接处不能沾染油污、涂料等残留物。

2. 焊接的安全操作

焊接的安全操作是确保自身安全和他人安全的重要一环，因此必须注意下面几点：

1）焊接前一定要检查设备是否完好，操作人员必须带上护目镜和手套。

2）乙炔气钢瓶不得卧放。开启乙炔气针阀时，动作要轻、缓。

3）开启氧气针阀时也要轻、缓，不得同时开启乙炔气和氧气针阀，以免发生爆炸。

4）点火时要取正确方向，以防止火焰吹向气瓶和气管。点燃乙炔气后有黑烟出现时，应将氧气阀慢慢开大，直至火焰合适为止。

5）若发现火焰有双道，则应清理焊枪口。焊枪口的清理必须用专用的清理针进行，不能随意用物体擦拭。

6）禁止在未关闭压力调节阀的情况下清理焊枪口；禁止用带油的布、棉纱擦拭气瓶及压力调节阀。禁止在未关闭气阀和未熄火的情况下离开现场。焊枪及焊嘴不应放在有泥沙的地上，以免堵塞。

7）易燃易爆物品应远离焊接现场，以免发生意外。

8）气瓶不得靠近热源，也不能置于日光下暴晒，应放在阴凉的地方。

9）在使用气焊设备时，如果某一部分出现了故障，不要带故障继续操作或在不了解其内部结构的情况下盲目拆卸，应请专业维修人员进行修理。

项目二 电冰箱维修操作技能训练

任务书

- 了解制冷系统气密性检查、抽真空、充注制冷剂的操作方法。
- 掌握气密性检查、抽真空及充注制冷剂所需设备的外形结构及使用方法。
- 熟练掌握气密性检查、抽真空、充注制冷剂的操作工艺。

任务一：电冰箱系统检漏

电冰箱制冷系统是一个全封闭系统，焊接不良或制冷剂管道被腐蚀，都可能造成制冷系统中管路的泄漏。检漏的目的是查出泄漏点，以便进行补漏。

一、检漏设备

1. 氮气钢瓶

氮气钢瓶主要由瓶体、瓶帽、瓶阀和防震橡胶圈组成，其外形如图 3.22 所示。40L 氮气钢瓶必须经过水压压力试验，水压试验压力为 22.5MPa，其工作压力为 15MPa，一般氮气充装压力为 12.5MPa。使用时，必须使用减压器，调节到合适压力，才可输出氮气。

2. 修理表阀及连接软管

修理表阀有单表修理阀和双表修理阀两种。单表阀由压力表、表阀组成；双表阀也由压力表、表阀两部分组成，压力表有两块，一块低压表带负压，一块高压表压力为 0～3.5MPa。连接软管主要用于修理表阀与制冷系统和真空泵等设备的连接。连接软管的接头为英制 1/4in 管螺纹或公制 M12×1.25 管螺纹。双表修理阀及连接软管如图 3.23 所示。

图 3.22　氮气钢瓶

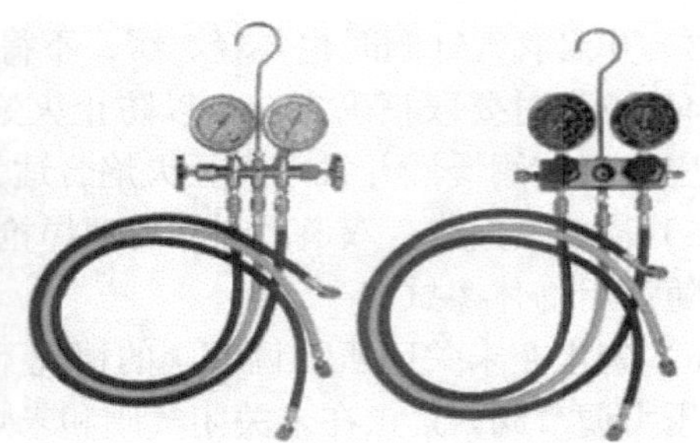

图 3.23　双表修理阀及连接软管

二、检漏方法

检漏的方法有很多种，比较常用的是外观检漏、肥皂水检漏、电子检漏仪检漏和加压检漏。

1. 外观检漏

外观检漏又称为“目测检漏”。由于氟利昂制冷剂和冷冻机油有一定的互溶性，当制冷剂泄漏时，冷冻机油也会渗出，使用过一段时间的制冷设备，在装置中的某些部件有渗油、滴油、油污等现象出现时，即可判断该处有制冷剂泄露。外观检查只用于制冷设备组装和维修时的初步判断，且仅限于暴露在外的连接处的检查。

2. 肥皂水检漏

肥皂水检漏就是用小毛刷蘸上事先准备好的肥皂水，涂于需要检查的部位，并仔细观察。如果被检测部位有泡沫或有不断增大的气泡（如图 3.24 所示），则说明此处有泄漏。肥皂水检漏方法简便易行，并能确定泄露点，可用于制冷系统充注制冷剂前的气密性试验，也可用于已充注制冷剂或在工作中的制冷系统的检验。

用肥皂水检漏时，将肥皂切成薄片，浸在温水中，不断搅拌使其溶化，冷却后肥皂水即凝结成稠厚状、浅黄色的溶液。若未制备好肥皂水而需要检漏时，可用小毛刷沾较多的水后，在肥皂上涂搅成泡沫状，待泡沫消失后再用。

3. 电子检漏仪检漏

电子卤素检漏仪为吸入式（如图 3.25 所示），将电子检漏仪探头对着有可能泄漏的

图 3.24　肥皂水检漏

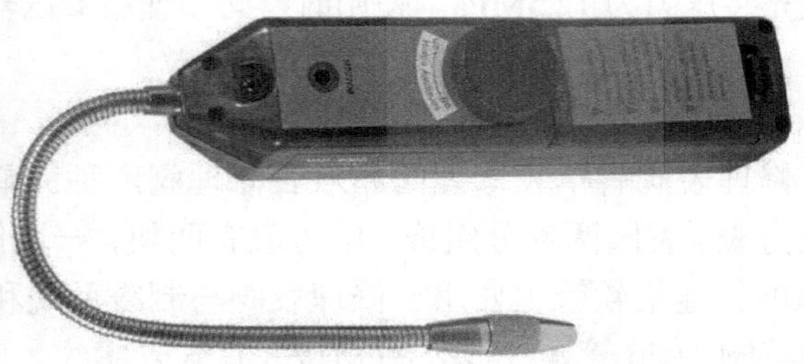

图 3.25　电子检漏仪

部位来回移动数秒停止，当检漏仪发出报警时，便可确定此处有泄漏。在使用中严防大量的制冷剂吸入检漏仪，过量的制冷剂会污染电极，使检测灵敏度降低。检测过程中，探头与被测部位之间的距离应保持在3～5mm。探头移动速度应低于50mm/s。用电子检漏仪检漏时必须保证室内通风良好（无卤素气体），以免产生错误判断。

4. *加压检漏*

加压检漏是在系统内充入适量的氮气或者制冷剂，当加到一定压力时，根据压力的变化来判断制冷系统是否泄漏。氮气加压的操作方法如图3.26所示。

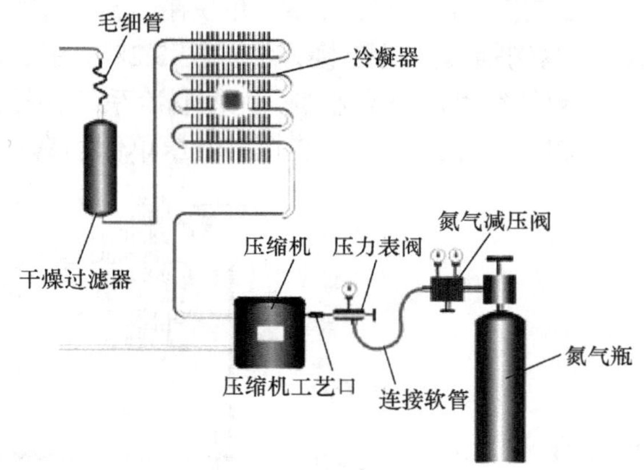

图3.26　氮气加压示意图

将氮气瓶接上减压阀，断开压缩机上的工艺管，在工艺管上通过焊接快速接头。通过连接软管将压力表阀连接于氮气瓶和压缩机工艺口之间。

管路连接好后，打开氮气瓶阀门，调节减压阀，使氮气输出压力在0.8～1.0MPa之间，然后打开压力表阀，使氮气进入制冷系统。当压力表读数达到0.8MPa时，关闭压力表阀和氮气阀门，等待10min后记录压力表示数。经过24h后对压力表进行观察，若示数与之前记录的数值相同，则说明没有泄漏（一般允许存在2%的误差）；若示数明显小于之前记录的数值，则说明存在泄漏，需要通过其他方法确定漏点。加压检漏时，为了使电冰箱内温度与环境温度保持一致，应将箱门打开。

任务二：电冰箱系统抽真空

在检修电冰箱、空调器制冷系统时，必然会有一定量的空气进入系统中，空气中含有一定量的水蒸气，这会对制冷系统造成冰堵、冷凝压力升高、系统零部件被腐蚀等影响。在未加入制冷剂前，对制冷系统抽真空是十分重要的，而抽真空的彻底与否，将会影响系统正常运转。

一、低压单侧抽真空

低压单侧抽真空是利用压缩机上的工艺管进行的，而且可利用加压检漏时焊接在工艺管上的三通修理阀进行，真空泵与系统的连接示意图如图 3.27 所示。低压单侧抽真空工艺简单、操作方便，缺点是制冷系统的高压侧中的空气需经过毛细管抽出，由于毛细管的流阻很大，当低压侧中的残留空气的绝对压力达到 133Pa 以下时，高压侧残留空气绝对压力仍会在 1000Pa 以上，很难使制冷系统的真空度达到低于 133Pa 的要求。

二、高低压双侧抽真空

所谓高低压双侧抽真空，就是在制冷系统高低压双侧同时进行抽真空，此方法能使制冷系统内的绝对压力在 133Pa 以下。高、低压双侧抽真空是在干燥过滤器的进口处加一工艺管，与压缩机上的工艺管用两台真空泵或并联在一台真空泵上同时进行抽真空，用一台真空泵进行高低压双侧抽真空的连接方法如图 3.28 所示。这种抽真空的方法克服了毛细管的流阻对高压侧真空度的不利影响，能使制冷系统在较短的时间内获得较高的真空度，但操作时要增加一个焊接点，工艺相对低压单侧抽真空方法较为复杂。

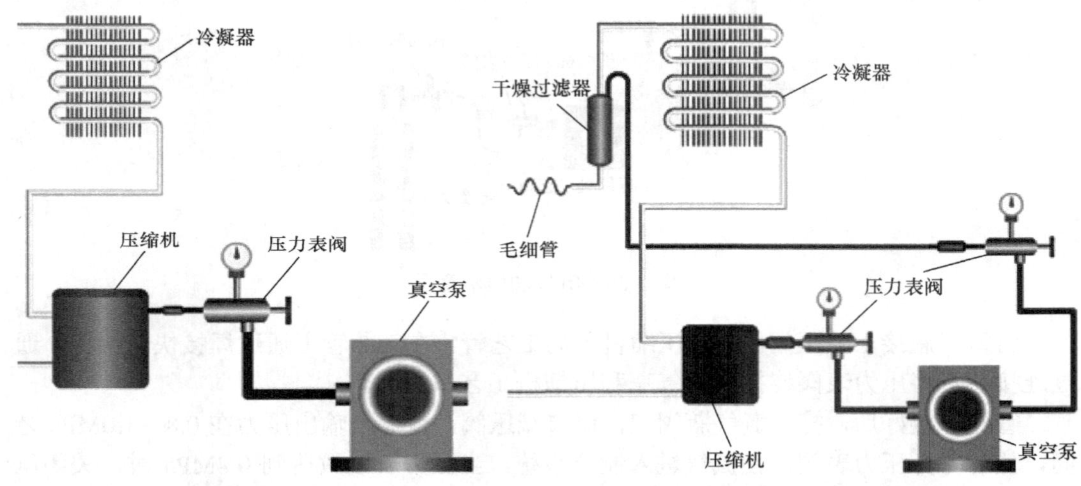

图 3.27 低压单侧抽真空示意图　　图 3.28 高低压双侧抽真空示意图

三、二次抽真空

二次抽真空的工作原理是先将制冷系统抽空到一定的真空度后，充入制冷剂，使系统内的压力恢复到大气压力或更高一些，这时启动压缩机，使制冷系统内的气体成为制冷剂气体与残存空气的混合气体。停机后，第二次再抽真空至一定的真空度，此时系统内残留的气体为空气与制冷剂气体的混合气体，其中绝大部分为制冷剂气体，残留空气所占比例很小，从而达到减少残留空气的目的，但二次抽真空的方法会增加制冷剂的消耗。

任务三：电冰箱系统充注制冷剂

电冰箱在抽真空结束后，应尽快地充注制冷剂。最好控制在抽真空结束之后的

10min 内进行，这样可以防止压力表阀漏气而影响制冷系统的真空度。充注制冷剂时要控制好充注量，以达到铭牌上的充注量为合适，充注量过多、过少都会影响电冰箱性能，甚至引起故障。在实际维修中，可以通过观察以下参数或现象来判定制冷剂充注量是否合适。

一、观察电流和压力

电流的检测使用钳形电流表，电冰箱的空载电流与额定工作电流相差不大，因此，观察其电流时以不超过额定工作电流为正常，进而观察其他项目的情况。

制冷系统低压压力的高低由制冷剂充注量的多少来决定。制冷剂充注量多，低压压力就高，蒸发温度就高；制冷剂充注量少，低压压力就低，蒸发温度就低。在观察低压压力时，要根据制冷剂的不同确定参考值，同时要考虑环境温度变化的影响。例如，对于使用 R12 制冷剂的电冰箱，夏天气温高，低压压力一般控制在 0.05～0.07MPa；冬天气温低，低压压力可控制在 0.02～0.04MPa；春、秋天气温适中，低压压力一般控制在 0.03～0.05MPa。

二、观察电冰箱上、下蒸发器的结霜情况

制冷剂充注量准确时，上、下蒸发器表面结霜均匀，霜薄而光滑，用湿手接触蒸发器表面有粘手感。若制冷剂充注量不足时，则蒸发器上结霜不匀，甚至只有部分结霜。若制冷剂充注量过多时，则蒸发器上结浮霜，冷冻室内的温度达不到设计的温度要求。

三、触摸冷凝器

制冷剂充注量准确，冷凝器上部管道发热烫手，整个冷凝器从上到下散热均匀。若充注量过多，则冷凝器上的大部分管道发烫。若充注量不足，则冷凝器管道上部温热，而下部管道不发热。

四、触摸干燥过滤器和毛细管

制冷剂充注量准确，干燥过滤器有微热感。若干燥过滤器上温度较高，则说明制冷剂充注量过多。若干燥过滤器上不热，说明充注量不足。毛细管进口处管道上的温度应高于干燥过滤器上的温度。

五、触摸低压回气管

制冷剂经毛细管节流，在蒸发器内进行蒸发，吸收汽化潜热变为饱和蒸气。饱和蒸气流经回气管，继续向回气管吸热，变为过热蒸气回到压缩机。制冷剂充注量准确时，回气管上有凉感；若回气管上没有凉感，则为制冷剂充注量不足；若回气管上结霜，则说明制冷剂充注量过多。

项目三　电冰箱检修技能训练

任务书

- 掌握电冰箱常见故障的检修方法。
- 能够分析电冰箱故障现象，准确找出故障原因。

任务一：电冰箱压缩机不启动典型故障案例分析

电冰箱压缩机不启动有两种现象，一种是通电后有“嗡嗡”声，一种是通电后无任何反应。

一、通电后有“嗡嗡”声，但是不能启动

在这种情况下，压缩机电流很大，往往会伴随过载保护器动作现象，以下原因会造成这种故障。

1）电源电压过低，低于187V，使电机无法启动。

2）启动器断路或接触不良，致使启动绕组断开，压缩机无法启动。检查时取下启动器，用万用表进行检测。

3）压缩机某一绕组断路或短路，均会导致电流过大，压缩机无法启动。

4）制冷压缩机卡死、抱轴：用木槌轻轻敲击压缩机外壳，看压缩机能否启动，若不能启动，则需要开壳修理或更换压缩机。

这种故障现象一般的检修流程如图3.29所示。

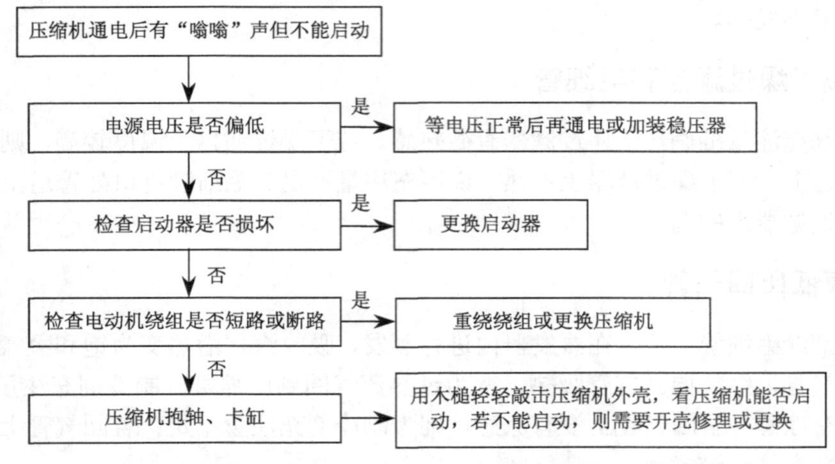

图3.29　压缩机通电后有“嗡嗡”声但不能启动的故障检修流程

二、通电后无任何反应

对于压缩机通电后无任何反应的现象，应首先排除电源熔丝烧断、插头与插座接触不良、温控器调节钮在停机点上等非故障因素，一般可按照如图 3.30 所示步骤进行检修。

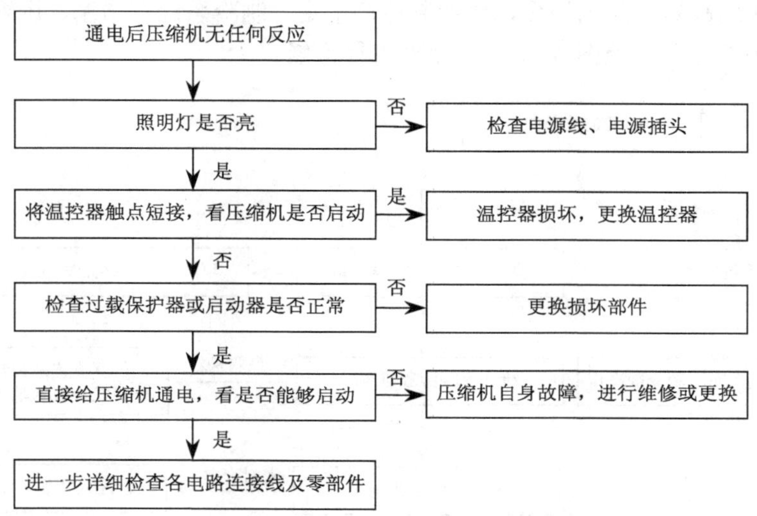

图 3.30　压缩机通电后无任何反应的故障检修流程

任务二：电冰箱压缩机不停机典型故障案例分析

电冰箱压缩机不停机也分为两种现象：一种是箱内温度偏高，一种是箱内温度过低。

一、箱内温度偏高

压缩机运转不停，而冰箱内温度仍然偏高，说明制冷效果已经变得很差，以下几种原因可能导致此种故障。

1）非故障原因：例如存物太多、开门次数太多、环境温度太高。

2）脏堵或者冰堵：需要对系统进行清洗、抽空、充注制冷剂。

3）制冷剂泄漏：对系统进行检漏、抽空、充注制冷剂。

4）压缩机高低压串气或效率下降：更换压缩机。

5）制冷剂过多：导致蒸发温度上升，需要排除多余的制冷剂。

二、箱内温度过低

箱内温度过低说明制冷系统工作正常，故障原因发生在电气控制系统。对于机械温控的电冰箱通常是由于温控器旋钮处在不停点、温控器性能不良、触点粘连或感温管脱落的原因。对于电子温控或微电脑温控的电冰箱，有可能是控制压缩机的继电器触点粘连、驱动管击穿，温度传感器不良，控制电路失控等原因。

任务三：电冰箱制冷不良典型故障案例分析

制冷效果差的表现为压缩机运转正常，但制冷量不足，电冰箱内温度降不到所设定的温度。造成此故障的原因很多，比如制冷剂不足、制冷系统有堵塞、压缩机效率降低等，对于此种故障可按照图 3.31 所示流程进行检修。

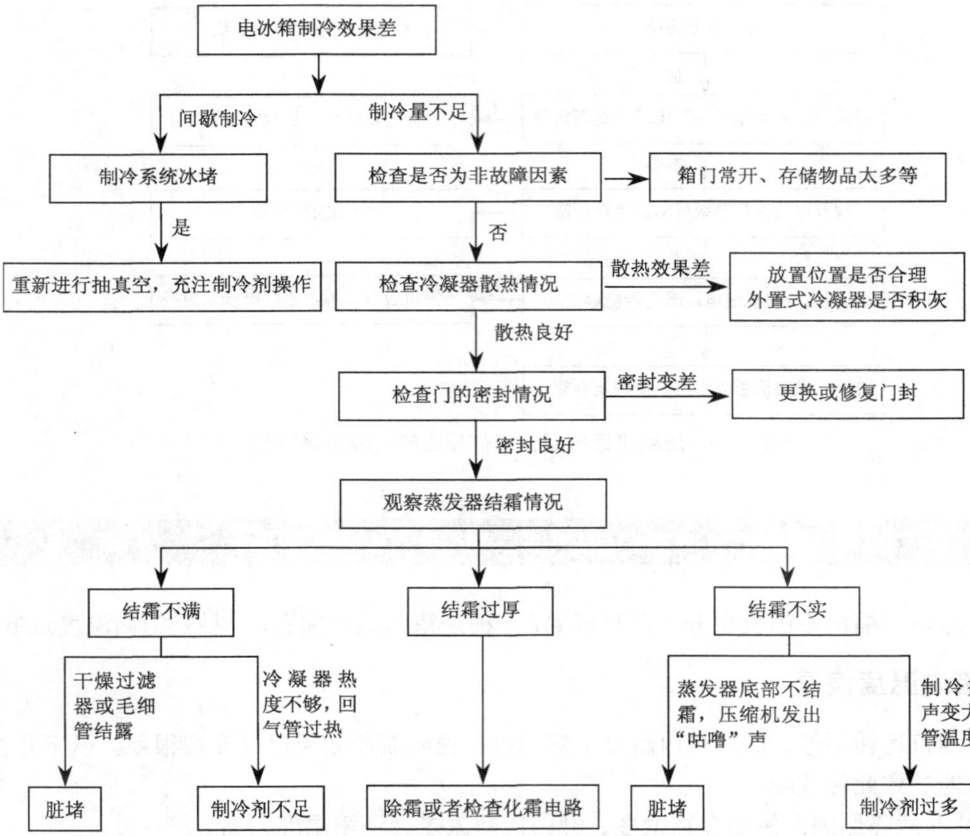

电冰箱制冷效果差
间歇制冷
制冷量不足
制冷系统冰堵
是
重新进行抽真空，充注制冷剂操作
检查是否为非故障因素
箱门常开、存储物品太多等
否
检查冷凝器散热情况
散热效果差
放置位置是否合理
外置式冷凝器是否积灰
散热良好
检查门的密封情况
密封变差
更换或修复门封
密封良好
观察蒸发器结霜情况
结霜不满
结霜过厚
结霜不实
干燥过滤器或毛细管结露
冷凝器热度不够，回气管过热
蒸发器底部不结霜，压缩机发出“咕噜”声
制冷剂流动声变大，回气管温度偏低
脏堵
制冷剂不足
除霜或者检查化霜电路
脏堵
制冷剂过多

图 3.31　电冰箱制冷不良的故障检修流程

任务四：电冰箱启动频繁典型故障案例分析

压缩机启动频繁应从两方面考虑：一是温控器性能变差或温差调节范围太小会导致压缩机启动频繁；二是温控器不良或者由于过载、过电流造成温控器的频繁动作均会致使压缩机启动频繁。此种故障现象可按照图 3.32 所示流程进行检修。

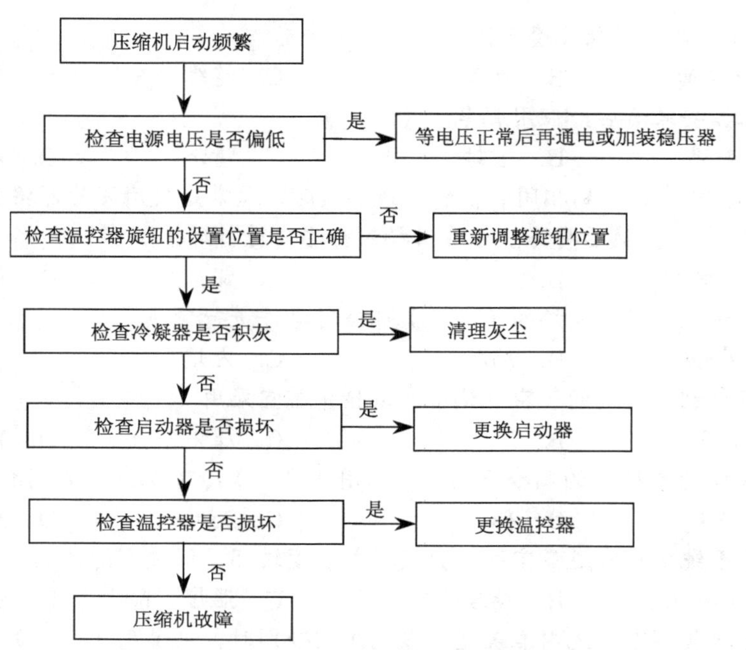

图 3.32 电冰箱启动频繁的故障检修流程

课后练习

一、单项选择题

1. 氧气瓶应放置在通风干燥的地方，并运离热源，严禁靠近易燃品和（ ）。
   A. 油脂物质 B. 建材物质 C. 生活物质
2. 乙炔瓶在存放时，必须放置在远离热源（ ）。
   A. 通风干燥的地方，并且放倒放置 B. 通风干燥的地方，并且直立放置
   C. 较湿润的地方，并且直立放置 D. 较湿润的地方，并且放倒放置
3. 氧气-乙炔气焊设备中，减压器的作用是保证（ ）。
   A. 气体的压力和温度稳定不变 B. 气体的压力和流量稳定不变
   C. 气体的温度和流量稳定不变 D. 气体的相态和流量稳定不变
4. 气瓶的使用必须遵守（ ）规则。
   A. 立放 B. 斜放 C. 安全 D. 远放
5. 乙炔瓶的颜色是（ ）。
   A. 蓝色 B. 白色 C. 黑色 D. 灰色
6. 使用焊炬时，应先将橡皮管中的（ ）排净。
   A. 空气 B. 乙炔 C. 氧气 D. 混合气体
7. 氧气瓶内气体不允许全部用完，至少要保留（ ）MPa。
   A. 1～2 B. 0.5～1 C. 0.1～0.5 D. 0.1～0.2
8. 乙炔与空气混合时，当乙炔质量分数在（ ）以上时接触明火会发生爆炸。
   A. 2.5% B. 10% C. 25% D. 50%

9. 焊接工作时，焊接手套可选用（　　）手套。

A. 线手套　　B. 帆布手套　　C. 绝缘手套　　D. 皮手套

10. 减压器安装好后，应用肥皂水（　　）。

A. 查漏　　B. 密封　　C. 清洗　　D. 稀释

11. 实际操作中，遇到相同管径的管道连接时，通常是使用胀管器将其中一根管道端部加工成（　　），然后将另一根管道插入杯形口进行焊接。

A. 喇叭口　　B. V形口　　C. 锯齿口　　D. 杯形口

12. 钎焊时，应采用火焰的（　　）部位对母件进行预热。

A. 外焰　　B. 焰芯　　C. 内焰

13. 进行氟利昂系统的气密性试验，试验介质宜采用（　　）。

A. 氮气　　B. 氧气　　C. 压缩空气　　D. 氟利昂气体

14. 以R22为制冷剂的制冷压缩机多采用（　　）冷冻机油作为润滑剂。

A. 13#　　B. 18#　　C. 25#　　D. 30#

15. 制冷系统中含有过量空气，会使排气温度过高，促使润滑油的（　　）。

A. 黏度升高　　B. 黏度降低　　C. 温度下降　　D. 流动变缓

16. 向电冰箱制冷系统内准确充注氟利昂制冷剂时，可使用（　　）。

A. 定量法充注　　B. 电压法充注　　C. 电流法充注　　D. 读表法充注

17. 从制冷系统制冷剂中清除水分的较实用方法是使用（　　）。

A. 旁通阀　　B. 过滤器　　C. 硅胶　　D. 甲醇

18. 修复后的电冰箱压缩机要测试空载运行电流，其值为额定电流的（　　）为正常。

A. 60%～70%　　B. 85%～90%

C. 95%～100%　　D. 100%～105%

19. 当温控器感温管漏气时，会出现压缩机（　　）。

A. 不启动　　B. 启动频繁　　C. 运转不正常　　D. 不停机

20. 制冷压缩机启动后，热力膨胀阀很快被堵塞，阀外加热后阀又立即开启工作，说明（　　）。

A. 发生了冰堵　　B. 发生了脏堵　　C. 冷凝效果好　　D. 缺少制冷剂

二、判断题

1. 钎焊中根据助燃气体与燃烧气体的混合比例不同，会产生三种火焰，分别是氧化焰、中性焰、碳化焰。（　　）

2. 维修制冷系统时，如需焊接操作，必须放空制冷设备中的制冷剂。（　　）

3. 制冷剂充注量不足、控制电器失灵都会导致制冷设备连续工作不停机。（　　）

4. 乙炔橡胶软管着火时，可用弯曲前面一段橡胶软管的方法将火熄灭。（　　）

5. 焊接过程中焊炬的喷嘴不能和被焊接物发生碰撞。（　　）

6. 焊接工作时，点火前先开乙炔气，后开氧气。（　　）

7. 乙炔瓶应与氧气瓶间隔一段距离存放，禁止同车运输。（　　）

8. 为防止冰堵现象产生，可在充注制冷剂时向系统内滴几滴甲醇。（　　）

9. 转旋式真空泵应注入清洁的机械泵真空油，注油量应是以加满为准。（　　）

10. 制冷剂泄漏后，在制冷系统管路泄漏处表面应留有油迹。（　　）

11. 冰箱冷柜中霜层不断加厚，不会影响蒸发器的换热能力。（　　）

12. R600a 系统检漏时氮气压力一般不超过 1.2MPa。（　　）

13. 压缩机电机工作电压过高时容易烧毁，电压过低时不容易烧毁。（　　）

14. 当制冷系统出现冰堵、脏堵故障或进行定期检修时，均应更换干燥的过滤器。（　　）

15. 制冷系统中含有过量污物，会使过滤、节流装置堵塞，形成“脏堵”。（　　）

三、多项选择题

1. 焊炬发生放炮和回火的原因是（　　）。

A. 焊嘴过热　B. 焊嘴堵塞　C. 乙炔不纯　D. 氨试漏　E. 灌制冷剂

2. 调小焊枪火焰的顺序是（　　）。

A. 先减小氧气　B. 先减小乙炔　C. 后减小氧气　D. 后减小乙炔

3. 下列（　　）情况可能使氧气瓶发生爆炸。

A. 气瓶发热　B. 剧烈振动　C. 放气过慢　D. 气体误灌　E. 气体竖放

4. 对被焊铜管质量的要求有（　　）。

A. 被焊管清洁光亮、无毛刺　B. 焊接点不可锈蚀、无凹凸不平现象

C. 焊接处不能沾染油污、涂料等残留物　D. 喇叭口不能出现断裂情况

5. 抽真空方法主要有（　　）。

A. 低压单侧抽真空　B. 高/低压双侧抽空

C. 高压抽真空　D. 复式抽真空

6. 压缩机运行时间长但柜内温度降低很慢的原因是（　　）。

A. 温控器参数偏移　B. 柜内食物多、蒸发器结霜厚

C. 制冷剂泄漏　D. 压缩机效率低

E. 过滤器堵塞

7. 冰箱工作不停机但制冷效果差，可能的原因是（　　）。

A. 系统堵塞　B. 制冷剂不足　C. 环境温度太高　D. 传感器参数偏移

8. 氟利昂系统的试压宜用（　　）。

A. 氮气　B. 二氧化碳气体　C. 压缩空气　D. 氧气

9. 充氟量过多将产生（　　）。

A. 蒸发温度高　B. 蒸发温度低　C. 回气温度高　D. 回气温度低　E. 冷凝温度高

10. 电冰箱的压缩机长期运转不停，但蒸发器的霜全化成了水，其原因是（　　）。

A. 电源插头失灵　B. 管路畅通　C. 管路堵塞　D. 管路渗漏　E. 管路密封完好

学习单元四

简易电冰箱的制作

本单元的主要内容为制作一个简易的电冰箱模型，要求此模型具有制冷功能，具有简单的保温、控温和储物功能。制作此模型将涉及制冷工、钳工、维修电工等多种实际操作技能，是一个多工种、多技能相融合的工作过程。通过本单元的学习，学生在掌握多种实际操作技能的同时，进一步加强对电冰箱制冷设备部分理论知识的理解与运用，进而达到职业水平与专业能力综合强化的目的。

1．设备定位与安装。

2．制冷系统的连接。

3．电气控制系统的连接。

4．整机调试与试运行。

项目一　设备定位与安装

任务书

- 在 1000mm×800mm 的电木板上确定本项目所用到的压缩机、冷凝器等设备的安装位置，并进行固定。

在本项目实施的过程中，需要注意以下几点：

1）安装前测量各设备的外形尺寸，以便于合理的确定安装位置。

2）尽量保证整体的美观性及实用性。

3）制作出来的成品要便于调试、维修等。

一、主要设备参数

简易电冰箱的制作使用的主要设备和参数如表 4.1 所示。

表 4.1　主要设备和相关参数

序号	设备名称	主要参数		
1	压缩机	型号	制冷量	制冷剂
		万胜 QD47	307W	R134A
2	冷凝器		配用电机功率	外形尺寸长×宽×高/mm
			25W	320×100×230
3	断路器	型号	额定电流	额定电压
		DZ-47L-E	10A	220V
4	蒸发器	型号	换热面积	
		LL-SK1965	$0.2m^2$	
5	温控器	型号	控温范围	
		F2000	−30～30℃	

二、准备工作

在进行简易电冰箱的实际安装前，需要进行如下准备工作。

1. 测量设备尺寸

测量需要固定在电木板上的各设备的尺寸，并填写在表 4.2 中。

表 4.2　各设备实测尺寸

序号	设备名称	实测尺寸/mm
1	压缩机（长×宽×高）	
2	箱体（长×宽×高）	
3	冷凝器（长×宽×高）	
4	温控器（长×宽）	
5	干燥过滤器（长×宽）	
6	断路器（长×宽）	
7	接线端子（长×宽）	
8	电线线槽（宽）	

注：电冰箱箱体内含与之配套的电灯泡、毛细管。

2. 确定安装位置

在 1000mm×800mm 的电木板上确定电冰箱压缩机、冷凝器等设备的安装位置，并根据设备实际尺寸，在图 4.1 所示的电木板示意图上做好各设备安装位置的标记。

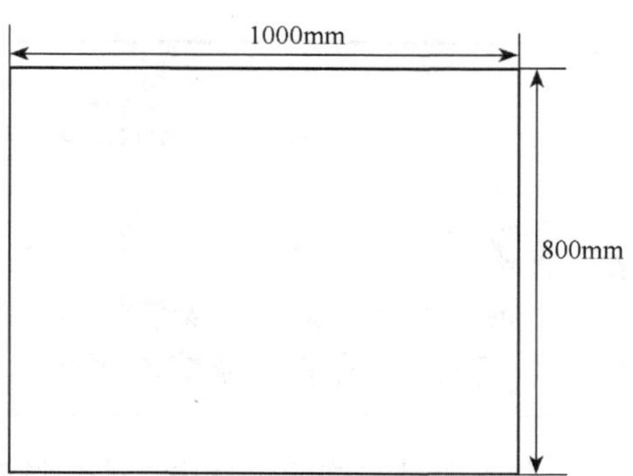

图 4.1　各设备安装位置示意图

三、工作计划及任务记录

准备工作完成之后，根据所设计的安装位

置即可进行设备的安装固定工作，请制定如表 4.3 所示详细的工作计划并根据计划进行实施。

表 4.3　设备定位与安装工作计划

项目：　　　　　　　　　　　　任务：

序号	工作内容	工具清单	计划工作时间	实际工作时间

姓名：

日期：

四、项目评价

设备定位与安装的评价标准如表 4.4 所示。

表 4.4　设备定位与安装评价表

项目：　　　　　　　　　　　　任务：

序号	检查标准	配分	得分	备注
1	整体的美观性	20		
2	整体的实用性	30		
3	工作过程的安全性	30		
4	工作过程中的职业素养	20		

姓名：

日期：

项目二　制冷系统的连接

任务书

- 根据设备的定位与安装情况，对电冰箱制冷系统进行连接，加工制冷剂铜管，完成电冰箱制冷系统的制作。

在本项目实施的过程中，需要注意以下几点：

1）为了便于安装与拆卸，所有接口均使用喇叭口进行连接。

2）割管、弯管、扩口等铜管的加工操作均需使用专用设备，并严格按照操作流程进行操作。

3）各铜管的制作要保证横平竖直，不可随意弯曲，并在此基础上遵循弯头最少，路径最短的原则。

4）管路制作完成后，安装到设备上之前要进行吹污操作。

一、电冰箱制冷系统示意图

电冰箱制冷系统的连接按照如图 4.2 所示示意图进行。

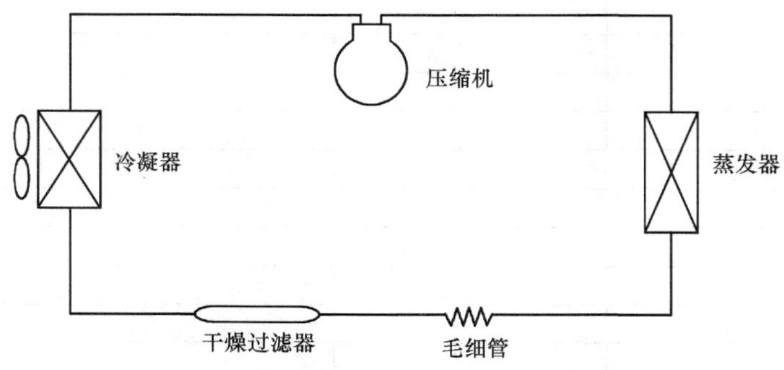

图 4.2　电冰箱制冷系统连接示意图

二、准备工作

在进行实际连接前，需进行如下准备工作。

（1）确定连接位置

各设备均已在电木板上安装完成，在进行铜管的加工与制作之前需要明确每段管路的连接位置，根据设备的定位情况，在图 4.3 上绘制出所需要制作的制冷剂连接管路。

（2）计算管长

确定好连接管路之后，根据设备的实际安装位置设计管路走向（注意避免管路之间的直接交叉），并计算每段管路的长度记录在表 4.5 中。

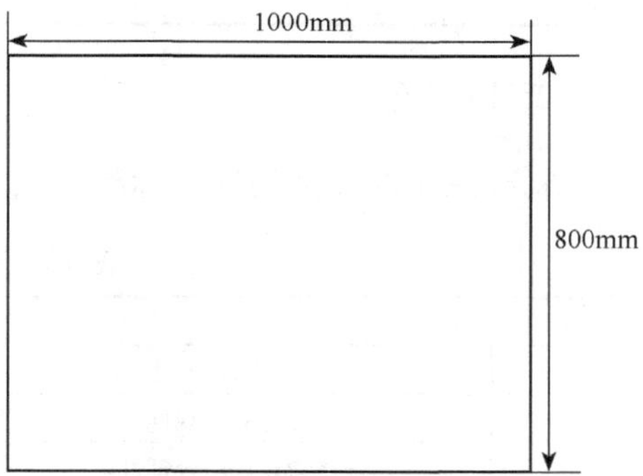

图 4.3　制冷剂连接管路示意图

注：首先绘制出各设备在电木板上的安装位置，再绘制制冷剂连接管，各设备在电木板上的位置以所完成的实际安装位置为准。

表 4.5　制冷剂连接管路长度计算

序号	连接位置	管路长度的计算公式
1		
2		
3		
4		
5		

注：连接位置为实际设备之间连接口的位置，如“压缩机出口与冷凝器进口”。

三、工作计划及任务记录

准备工作完成之后，即可进行管路的加工与制作，请填写表 4.6 制定详细的工作计划并根据计划进行实施。

表 4.6　制冷系统的连接工作计划

项目：　　　　　　　　　　　　　　任务：

序号	工作内容	工具清单	计划工作时间	实际工作时间

姓名：

日期：

四、项目评价

制冷系统的连接的评价标准如表 4.7 所示。

表 4.7　制冷系统的连接评价表

项目：　　　　　　　　　　　　　　任务：

序号	检查标准	配分	得分	备注
1	连接管的美观性	20		
2	连接管设计的合理性	20		
3	操作过程中工具使用的正确性	20		
4	整个项目完成的效果	30		
5	工作过程中的职业素养	10		

姓名：

日期：

项目三　电气控制系统的连接

任务书

- 根据设备的定位与安装情况，对电冰箱电气控制系统进行连接。

在本项目实施的过程中，需要注意以下几点：

1）各电气元件或设备在连接前需要用万用表进行初步检测，确保各参数正常后再进行连接。

2）电气电路的连接要做好绝缘工作。

3）电路之间的连接要使用电烙铁沾锡焊接。

4）电路连接完成后，需经老师允许之后，学生才能自己进行试机。

5）电路连接需美观，在线槽内进行走线。

一、电冰箱制冷系统示意图

本项目电气控制系统的连接按照如图 4.4 所示电路进行。

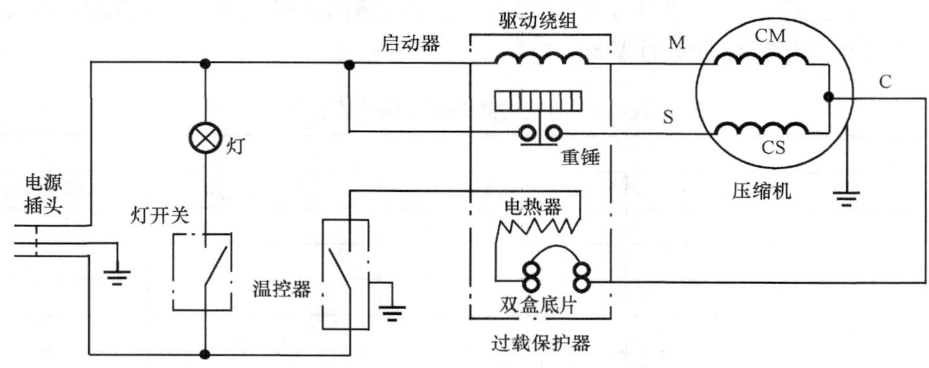

图 4.4　电冰箱电气控制系统电路图

二、准备工作

在进行本项目设备的实际连接前，需进行如下准备工作。

（1）绘制接线图

本项目用到的电气设备或元件有压缩机一台（含启动器及热保护器）、温控器一个、断路器一个、接线端子一个、门开关一个、门灯一个。在项目一中各设备均已安装完毕，请在图 4.5 中绘制电气接线图。

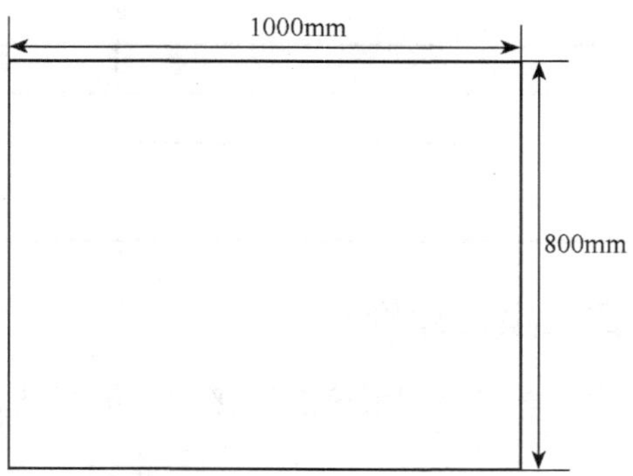

图 4.5　电气接线图

注：首先绘制出各电气设备在电木板上的安装位置（包含线槽的位置），再绘制接线图。

（2）检测各元器件

在进行电路连接之前需进行各电气设备或元件的初步检测，请根据表 4.8 进行检测并填写相关数据。

表 4.8　电气设备或元件的初步检测

序号	元器件名称	数据记录
1	压缩机	CM 阻值=______；CS 阻值______；MS 阻值______
2	蝶形保护器	通断情况：　□通　□断

续表

序号	元器件名称	数据记录
3	重锤启动器	重锤启动器线圈阻值为______ 未通电状态下，两触点之间的阻值为______
4	温控器	室温下的通断情况： □通 □断
5	门灯	阻值为______

注：连接位置为实际设备之间连接口的位置，如“压缩机出口与冷凝器进口”。

三、工作计划及任务记录

准备工作完成之后，即可进行电气控制系统电路的连接工作，请填写表 4.9 制定详细的工作计划并根据计划进行实施。

表 4.9 电气控制系统连接工作计划

项目： 任务：

序号	工作内容	工具清单	计划工作时间	实际工作时间

姓名：

日期：

四、项目评价

电气控制系统的连接的评价标准如表 4.10 所示。

表 4.10 电气控制系统的连接评价表

项目： 任务：

序号	检查标准	配分	得分	备注
1	电路连接的美观性	20		
2	电路连接的正确性	30		
3	整个项目完成的效果	30		
4	工作过程中的职业素养	20		

姓名：

日期：

项目四　整机调试与试运行

任务书

• 在前边三个项目中，整个系统已经安装并连接完成，本项目需要对整个系统进行吹污、保压检漏、抽空、充注制冷剂及试运行操作。

在本项目实施的过程中，需要注意以下几点：

1）制冷系统连接完成后，可进行系统吹污与保压，即本项目部分内容可与电气系统的连接同时进行。

2）必须使用干燥的氮气进行吹污，不准使用压缩空气。

3）保压时间不少于 24h，抽空时间不少于 30min。

4）检漏过程中注意不要落下任何漏点。

5）经过老师的检查后方可开机充注制冷剂。

一、工作计划

准备工作完成之后，即可进行整机调试与试运行工作，请填写表 4.11 制定详细的工作计划并根据计划进行实施。

表 4.11　整机调试与试运行工作计划

项目：		任务：		
序号	工作内容	工具清单	计划工作时间	实际工作时间
				姓名： 日期：

二、工作记录

请在工作过程中，根据表 4.12 进行相关的工作记录。

表 4.12　整机调试与试运行工作记录

序号	工作内容	使用工具	操作方法（可另附页）	数据记录
1	系统吹污			吹污压力：
2	系统保压			实验压力：
				保压后压力：
				保压时间：
3	系统检漏			
4	抽真空			真空度：
				抽空时间：
5	充注制冷剂			压缩机回气压力：
6	系统试运行			整机运行电流：

注：整机运行电流为系统开机正常运行至少 20min 后的实测电流。

三、项目评价

整机调试与试运行的评价标准如表 4.13 所示。

表 4.13　整机调试与试运行评价表

项目：　　　　　　　　　　　　　　任务：

序号	检查标准	配分	得分	备注
1	调试过程操作的正确性	40		
2	工作记录的完整性与真实性	20		
3	整机运行效果	20		
4	工作过程中的职业素养	20		

姓名：

日期：

学习单元五

空调器基础知识

空调是空气调节技术的简称，空调器就是空气调节器的简称，是一种人为的调节空气状态的装置。空气调节的功能包括对室内空气进行温度、湿度、风速和洁净度的调节，通过空调器的使用，可以调节空气状态以达到工业生产或者人体舒适度的要求。以某种生产工艺的要求为调节基准，其目的是为生产工艺要求而对空气进行调节的空调器称之为工艺性空调；以人为本，以创造舒适感的温、湿度为调节目的的空调器称之为舒适性空调器。通过本单元的学习，要掌握以下内容：

1. 空调器的类型和型号。
2. 空调器的选购和使用需要注意的问题。

项目一　空调器基础知识

任务书

- 了解空调器的功能，认识其不同的分类方式。
- 掌握空调器型号的命名方法。

一、空调器的功能

空调器是对室内空气进行空气调节的设备，它的主要功能包括对空气进行降温、升温、加湿、除湿、净化等操作。针对于不同地区的不同气候环境，空调器的功能不要求全面，但要满足用户的使用需求。具体地讲，对于中央空调等大型空调来说，一般设计功能都比较全面，而对于面向大多数家庭用户的家用局部式空调器来说，它的功能一般比较简单，尤其是加湿功能比较少见。一般情况下，夏季房间内的温度应在18～30℃范围内，相对湿度在40%～70%；冬季房间内的温度应在18～30℃，相对湿度在40%～70%。

二、空调器的分类

空调器根据不同的分类标准，有很多种分类方式。

1. 按设备的集中方式分类

(1)集中式空调系统

所谓集中式空调是指制冷机组或制热设备全部集中在专用的空调机房内。空调系统将空气进行集中处理，由风机通过管道分别送到各个房间中去，如图 5.1 所示。该类空调一般适用于大型宾馆、购物中心等。这种方式需专人操作，有专门的机房，具有空气处理量大、冷热源集中、参数稳定、运行可靠的优点。

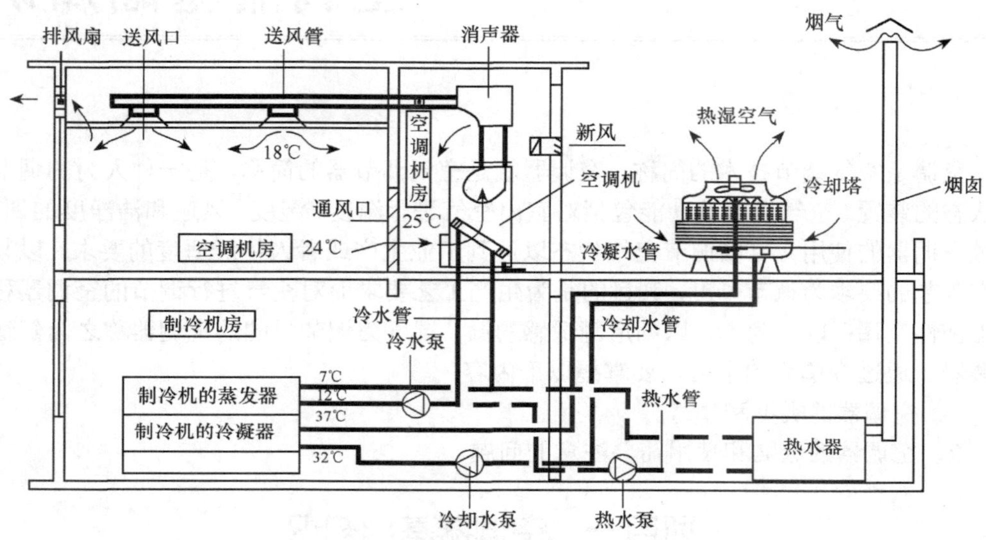

图 5.1　集中式空调器

(2)半集中式空调系统

半集中式空调系统又称混合式系统，它是将空调系统中的冷热源和主要制冷设备置于一个机房内，设备产生的冷量（热量）通过载冷剂（一般为水或者盐水）送到各个空调房间里，再通过房间中的末端处理设备风机盘管（如图 5.2 所示）对房间内空气进行处理。较之集中式空调系统，半集中式系统对单个房间的调节灵活性更好，调节精度高，但系统比较复杂；与局部式空调系统相比具有功能全面、运行成本低等优点。

(3)局部式空调系统

局部式空调系统是在每个空调房间都设置一套空调系统，这套系统将制冷系统的冷热源、空气处理、送风和电气控制各个部分集中置于一个或者两个箱体内，比如日常最常见的家用窗式空调器或分体式空调器。这种空调结构紧凑、操作简单、调节功能和精度不是很高。本书主要介绍这种空调器。

2. 按使用功能分类

(1)单冷型空调器

单冷型空调器一般具有制冷和除湿的功能。它包含了最基本的制冷系统，当制冷系统运行时，室内的热湿空气遇到温度低于其露点温度的蒸发器，会在蒸发器的表面结露，

图 5.2　风机盘管

图 5.3　家用空调器

实现除湿的功能。这种空调器结构简单，能够实现空气调节最基本的功能。

（2）冷暖空调器

冷暖空调可以实现对室内空气进行降温、除湿、升温的处理。冷暖空调在夏季进行降温除湿的过程和单冷空调器是一样的，在冬季需要用空调进行升温，冷暖空调根据热量产生的方式不同又可分为电热型空调器、热泵型空调器和电热热泵型空调器三种形式。

1）电热型空调器在制热时，压缩机停止工作，电加热器通电产生热量然后由室内的送风机送出热风达到给室内空气加热的目的，因为这种加热方式热效率比较低，能耗比较大，现在单独使用电加热的空调器比较少。

2）热泵型空调器在其制冷管路系统中加入了一个电磁四通换向阀，制热运行时，制冷剂流向发生改变，从压缩机出来的高温高压气态制冷机先通过室内的热交换器给室内空气加热最后再进入到室外热交换器吸热，实现将室外热量转移到室内的目的，这种制热过程相比电加热的空调器消耗更少电能，为室内转移更多的热量，因此比较经济，但由于四通阀的工作过程需要一定的压力和时间，因此热泵型空调器制热相应较慢。

3）为了解决热泵型空调器开机制热慢的问题，现在很多空调采用了电热热泵型空调器，又称为辅助加热型空调器，在热泵型空调器的基础上加上了电加热器，弥补了热泵型空调器的不足。

3. 按设备的结构形式分类

（1）整体式空调器

整体式空调器是把空调系统的所有制冷系统、送风系统和电气控制系统布置在一个箱体内，安装时将制冷箱体镶嵌在窗户或者墙体上。这种空调器的结构简单、安装使用方便，但由于这种空调器的压缩机等部件离空调房间太近，如果安装位置不当则会产生比较大的噪声，这点需要注意。

（2）分体式空调器

分体式空调器是将空调系统分为室内机和室外机两个部分，这两个部分由穿墙的铜管、电线等连接。室内机部分主要由蒸发器、贯流风扇、空气过滤、电气控制、面板等组成，室外机部分主要包括了制冷系统的压缩机、冷凝器、节流阀、四通阀还有轴流风机等。由于把室内机和室外机组分开了，室内机的形式可以有比较大的变化，且布置方式比较灵活，可以有比较多的形式。分体式空调器的特点是室内占地少、美观、噪声低、安装形式灵活多样。

根据室内机的安装方式可以把分体式空调器分为壁挂式、吊顶式、嵌入式和落地式，如图 5.4 所示。

（1）壁挂式　（2）吊顶式　（3）嵌入式　（4）落地式（柜式、立式）

图 5.4　几种形式的分体式空调器

1）壁挂式空调器的室内机挂在室内墙体上部，一般送风口在下面，回风口在空调器正面和上面，是最常见的分体式空调器。

2）吊顶式空调器的室内机组安装在室内天花板下，所以又称悬吊式。它由底下后平面进风，正前面出风（两侧面也可辅助出风），安装、维修比较麻烦。

3）嵌入式空调器又称埋入式空调器，室内机组嵌埋在天花板里，从外观上只看到它的进出风口，空调处理过的空气可以通过藏在天花板内的吸排风管送到相邻的房间，做到一套机组带两个房间。对于空调房间来说因为没有制冷设备在室内，所以有噪声低、送风均匀的优点，但安装、检修都比较麻烦。

4）落地式空调器的室内机组外形为立式或卧式，又称柜式机组，它通常安装在窗口下或墙边。

4. 其他

传统的空调器压缩机是由转速一定的定速电机带动的，由于电机的转速一定，压缩

机的转速一定，制冷系统工作的制冷量就是相对稳定的，对于不同气候条件下空调器负荷不同的情况，通过改变压缩机开停机时间进行制冷量的调节，比较耗电。随着技术的发展，变频压缩机被广泛应用，变频压缩机通过改变电源频率来调整电机转速进而改变压缩机的运转速度，使压缩机单位时间的制冷量发生变化，通过变频技术的应用可以大大节约电能。变频室空调器可以分为交流（AC）变频和直流（DC）变频两种形式。

现在随着人们住房条件的改善，一个家庭会有多个房间，而且对调节空气状态的要求越来越高，一拖多空调就应运而生。一拖多空调又称为家用中央空调或者 VRV 系统，它是由一台大功率的室外机带动多台室内机，由制冷剂充当载冷剂，实现制冷系统的整合。

三、空调器的型号

家用空调器的型号可以判断出空调器的结构形式、功能和主要性能参数，国家有相应的标准，国产空调器型号的命名方法相对固定，国外品牌的表示方法不太统一。国产空调器型号命名方法如图 5.5 所示。

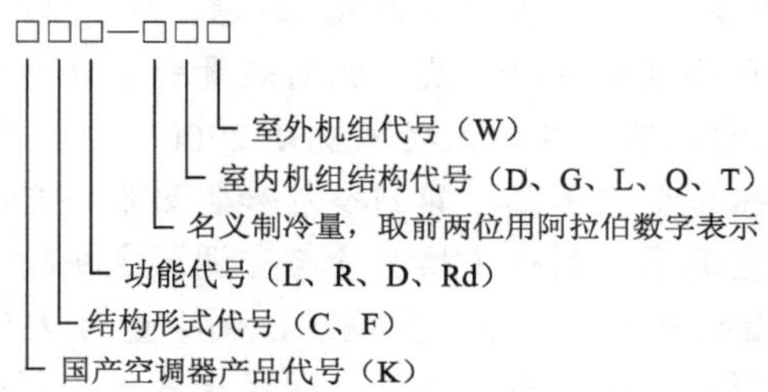

国产空调器是以 K 作为产品代号；
结构形式代号：C—整体式空调器，F—分体式空调器；
主要功能代号：L—单冷式（可不标出），R—热泵型，D—电热型，Rd—热电型；
室内机组结构代号：D—吊顶式，G—壁挂式，L—落地式，Q—嵌入式，L—台式；
室外机用 W 表示。

图 5.5　国产空调器命名方法

例如：KCL-25XX 表示国产窗式单冷式空调器，制冷量为 2500W；KFR-30GW 表示国产分体壁挂热泵型空调器，制冷量为 3000W，因为有两个箱体组成，其室内外机组型号也可分别标出，如 KFR-30G（室内机）和 KFR-30W（室外机）。

课后练习

一、选择题

1. 房间空调器 KCD-30 的制冷量是（　　）。

A. 3000W　　B. 300W　　C. 30W　　D. 30000W

2. 空气调节是指用控制技术使室内空气的（　　）达到所需要求。

A. 温度、湿度、空气密度、气体流速

B. 温度、湿度、洁净度、气体流速

C. 温度、空气密度、洁净度、气体流速

D. 温度、洁净度、空气密度、有害气体含量

3. 以人为本，以创造舒适感觉的温度、湿度为目的的空调设备称为（ ）。

A. 舒适型空气调节设备 B. 工艺型空气调节设备

C. 平衡型空气调节设备 D. 高低温型空气调节设备

4. KFR-25GW 空调器指的是（ ）。

A. 嵌入式空调器 B. 落地式空调器

C. 壁挂式空调器 D. 吊顶式空调器

5. 被称为柜机的空调器是（ ）。

A. 嵌入式空调器 B. 落地式空调器

C. 壁挂式空调器 D. 吊顶式空调器

6. 制冷量为 2400W 的空调为（ ）匹。

A. 3/4 匹 B. 1 匹 C. 1.25 匹 D. 1.5 匹

二、判断题

1. 空调器选择强冷或弱冷，是通过改变室内风机转速，改变排风量来实现的。（ ）
2. 空调器电热型制热和热泵型制热，获得相同热量所消耗的电能不同。（ ）
3. 制冷量为 2200W 的空调器，其输入功率就是 2200W。（ ）
4. 没有辅助电加热的热泵型空调器，其制冷量和制热量一定是相等的。（ ）
5. 空调器的能效比是空调器的制冷（热）量与空调器主机输入功率之比。（ ）
6. KCD-25 型空调器指的是窗式单冷型空调器，制冷量为 2500W。（ ）
7. 如果空调安装有电磁三通换向阀，则该空调器就具备了制热功能。（ ）

三、填空题

1. 分体式空调器主要由__________机组和__________机组构成。
2. KFR-25GW，其中 F 指__________，R 指__________，制冷量为__________。
3. 热泵型窗式空调器制冷管道在单冷的基础上需要增设一只__________。
4. 变频式空调器有________变频和________变频两种方式。

项目二 空调器的选购和使用

任务书

- 掌握空调器主要性能参数的含义。
- 掌握空调器的选购方法及使用的注意事项。
- 能够正确使用和保养空调器。

一、家用空调器的性能参数

家用空调器已经成了家庭常用的家用电器，面对品牌、功能众多的各式家用空调器，要选择一台合适的就要先掌握空调器的性能特点。我们从空调器的型号上可以初步了解

空调器的基本信息，通过每台空调的铭牌和说明书也能更加详细地了解空调器的性能参数，下面我们对一台国产空调器的主要参数（如表 5.1 所示）进行分析，了解各参数的含义。

表 5.1　某国产空调器参数

<table>
<tr><td colspan="3">型号</td><td>KF-25GW</td><td>KFR-25GW</td></tr>
<tr><td colspan="3">制冷量/W</td><td>2500</td><td>2500</td></tr>
<tr><td colspan="3">制热量/W</td><td>—</td><td>2500</td></tr>
<tr><td colspan="3">电源</td><td>50Hz 220V</td><td>50Hz 220V</td></tr>
<tr><td colspan="2" rowspan="2">运转电流/A</td><td>制冷</td><td>4.6</td><td>4.6</td></tr>
<tr><td>制热</td><td>—</td><td>4.8</td></tr>
<tr><td colspan="2" rowspan="2">消耗功率/W</td><td>制冷</td><td>900</td><td>900</td></tr>
<tr><td>制热</td><td>—</td><td>900</td></tr>
<tr><td colspan="3">空气循环量/（m³/h）</td><td>420</td><td>420</td></tr>
<tr><td colspan="3">制冷剂</td><td colspan="2">R22</td></tr>
<tr><td rowspan="5">室内机组</td><td colspan="2">噪声值/dB（A）</td><td>≤44</td><td>≤44</td></tr>
<tr><td rowspan="3">外形尺寸</td><td>宽/mm</td><td>790</td><td>790</td></tr>
<tr><td>高/mm</td><td>290</td><td>290</td></tr>
<tr><td>深/mm</td><td>149</td><td>149</td></tr>
<tr><td colspan="2">净重/kg</td><td>7.5</td><td>7.5</td></tr>
<tr><td rowspan="5">室外机组</td><td colspan="2">噪声值/dB（A）</td><td>≤54</td><td>≤54</td></tr>
<tr><td rowspan="3">外形尺寸</td><td>宽/mm</td><td>780</td><td>780</td></tr>
<tr><td>高/mm</td><td>480</td><td>480</td></tr>
<tr><td>深/mm</td><td>245</td><td>245</td></tr>
<tr><td colspan="2">净重/kg</td><td>35</td><td>36</td></tr>
<tr><td colspan="3">温度调节范围/℃</td><td colspan="2">14～32</td></tr>
<tr><td colspan="3">连接管直径/mm</td><td colspan="2">Gas9.5　　liquid 6</td></tr>
<tr><td colspan="3">连接管长度/m</td><td colspan="2">3 或 5</td></tr>
<tr><td colspan="3">适用面积/m²</td><td colspan="2">14~25</td></tr>
</table>

1. 制冷量

空调器制冷时，室内热量由蒸发器吸收，通过制冷循环转移到室外的冷凝器中进行放热，从而将室内的热量不断转移到室外，达到降低室内温度的目的。空调器的制冷量指的是空调器进行制冷时单位时间内从室内转移出去的热量，单位为瓦特（W）。

2. 额定功率

空调器制冷或制热时所需消耗的电功率，单位为 W，应注意，一般空调器制冷时的额定功率和制热时并不相同，如上海夏普 KFR-35GW 型分体空调器制冷时额定功率为

1160W，制热时则为1190W（制冷量也比制热量大，为3800W）。在购买空调器的时候，我们经常会碰到另外一种说明制冷量大小的单位"匹（P）"，匹值越大，则认为空调的制冷量越大。"匹"是工程上常用的代表功率的一种物理量（是马力的简称），一般认为1匹等于735W。我们听到的"1匹"的空调器实际上指的是空调器的输入功率，因为空调的输入功率和制冷量相关性很高，所以人们常常用来简单、模糊地说明空调器的制冷能力的大小，具体到不同品牌、规格的空调器，制冷量和额定功率的比值（能效比）还是有差别的。表5.2中表示出了不同空调器额定功率、匹数和制冷量间的关系。

表5.2　空调器输入功率、制冷量、匹数对照表

空调器品牌型号	额定功率/W	制冷量/W	匹数
格力KFR-23GW/K（23556）K1C-N2（A）	726	2380	小1P
奥克斯KFR-25GW/SQB＋3	770	2500	1P
三菱电机MSH-CE09VD	860	2800	1.25P
科龙KFR-35GW/UG-1（a）	1025	3500	1.5P
志高KFR-51GW/H104＋N3	1570	5100	2P
格兰仕KFR-72LW/DLH9-330（2）	2185	7500	3P
格力KFR-120LW/E（12568L）A1-N2	3850	12000	5P

从表5.2中可以看出"匹"这个单位在表示空调制冷能力时比较模糊，一般情况下，3/4匹—1700～2100W；1匹—2200～2600W；1.25匹—2600～3000W；1.5匹—3000～3800W；1.7匹—3800～4000W；2匹—4000～5500W。在实际使用时还有小一匹、大一匹等说法。

3. 能效比（性能参数）

制冷系统的能效比指的是空调器制冷量与额定功率的比值，如

能效比Ke＝制冷量/额定功率

能效比是衡量空调器能耗性能的一项重要参数，当空调器单位时间内消耗一样的电能产生冷量越多，我们认为空调的能效比越高，也就是说空调器的性能就越好。

4. 循环风量

循环风量指的是空调器单位时间内风机向房间中送入的风量，换句话说是室内机一小时内通过蒸发器的空气量，常用单位m^3/h（立方米/小时），选购空调的时候，我们希望风量越大越好，但是同时室内机的噪声也可能会增大。

5. 噪声值

空调器在制冷的同时要向室内送风，机组各个部件运行时要产生噪声，空调器运行中噪声源主要是室内外风机、压缩机运行的声音和制冷剂流动的声音。国家对于家用空调器噪声有规定：按照规定方法对空调器室内外机组或者窗机室内外侧发出的噪声进行测试，要求窗机噪声值室内小于54dB、室外小于60dB，分体壁挂式空调器室内噪声小

于44dB、室外噪声小于54dB。

二、家用空调器选购方法

家庭选用空调器要注意几个方面，首先要考虑自己家庭使用的要求，然后再考虑选择何种空调器，包括选择整体式、分体式或者移动式空调器，以及空调器的功能、制冷能力、品牌等。根据我们上面介绍的空调器的类型和主要参数，下面就对这几点进行分析。

1. 空调器类型的选择

家庭选择空调器类型主要有窗式空调器、分体式空调器（壁挂式、柜机、嵌入式空调器等）、移动式空调器。不同类型的空调器有不同的特点，例如窗式空调器结构、安装简单，但是噪声相对较大、送风方位单一、对房型要求高；分体式空调器外形美观、噪声较小、安装随意性较强但维修比较麻烦，随着人们生活水平的提高，绝大多数家庭都选择了分体式空调器；不方便安装空调的家庭可以使用移动式空调器，这种空调器无需安装，只需要一个对外的通风通道即可。

2. 空调器功能的选择

除了制冷制热之外现在市售的空调器附加功能很多，例如除湿、空气清新、除甲醛等，空调器的功能不需要大而全，要根据家庭的使用需求选择合适功能的空调器。

（1）单冷空调器或冷暖空调器的选择

选择单冷空调器还是冷暖空调器要看家庭的实际需求，对于没有取暖设备或者取暖效果不好的家庭来说，利用空调器制热还是很必要的。一般对于南方，冬天没有取暖设备，气温太低时需要取暖，可以选购冷暖空调，在电热型空调器和热泵型空调器的选择上我们一般选择热泵型空调，能耗比比较好。对于我国北方，大多数地区都有取暖设备，就可以选择单冷空调器，如果对室内温度要求比较高（比如说家里有老人和孩子），在取暖期以前或者停暖气后有取暖需求，也可以选择热泵型的冷暖空调器。对于冬季取暖，由于制热方式的不同，采用热泵型空调器的制热效率要比电暖气高。

（2）定频空调器或变频空调器的选择

原来家用空调器的压缩机电机都是定频的，通过控制压缩机的启动和停止来控制制冷量的大小，随着经济水平和技术水平的提高，变频空调器已经渐渐进入了家庭，变频技术的使用使得空调器的耗电量大大减少，应大力推广。定频空调器相对来说售价比较低，但是耗电量大，变频空调器售价比较高，耗电量小，具体到家庭的选择就要根据各自的情况而定。

（3）一拖一空调器或一拖多空调器的选择

一台室外机配一台室内机组成传统意义的分体式空调器，随着住房面积和居室数目的增多和人们对空气环境要求的提高，出现了一拖多空调器，也就是家用中央空调。对于多居室大房型，可以选择每个房间都安装一台一拖一空调器，这样各个房间空调独立使用，互不干扰，但是耗电量较大；也可以选择安装一台室外机带几台室内机的一拖多家庭小型中央空调，这种系统安装维修麻烦，但是美观大方、气流舒适，同时很多机组都有制热水功能，运行成本比同时使用多台小空调低。

（4）其他功能的选择

现在空调除了最基本的温度控制和除湿之外，还开发了很多的附加功能，例如空气清新、除甲醛、增加负离子等，这可以根据个人需要和喜好进行选择。

3. 空调器制冷量的选择

空调器制冷量的大小是空调器能否实现预定的制冷效果的关键，制冷量选择太小，达不到空气调节的要求，制冷量选择太大，虽然能够达到空气调节要求但是也消耗了大量的电能，不够经济。一般根据国际制冷学会的规定，当室外温度为35℃，相对湿度为70%的夏季，室内参考的制冷量大约为 120～150W/m^2。具体到家庭选择上，还要考虑到房间的朝向、保温性能、用途、设备和人员密度大小，表 5.3 中给出了不同场所空调器制冷量选择参考。

表 5.3　不同场所空调器制冷量选择参考表

场所	每平方米所需制冷量/W	场所	每平方米所需制冷量/W
普通房间	115～145	服装店	162～205
客厅、餐厅	145～175	百货商场	175～348
小型个人办公室	145	银行大厅	162～200
一般办公室	175	会议室	348～440
美容理发厅	220～348	电影院	290
图书馆	145～185		

4. 空调器选购的其他参考要素

在充分了解空调器的参数意义和家庭使用需求的情况后，可以到电器商场选择合适自己的空调器。首先选定几个中意的品牌，看看品牌下制冷量合乎需求的几款机型，同时检查是否有中国商检 CCIB 和安全合格证书 CCEE 标志，样机外观细节等；问售货员关于上门安装、安装是否免费、是否送货上门，安装日期及是否有上门维修保养等服务；看说明书中各个参数是否满足需求；考虑品牌和价钱是否合适，选择合适的空调器；送货到家后要根据装箱单检查各个附件是否齐全等。

三、选择合适的空调器

下面以一个房型（如图 5.6 所示）为例，为其选择合适的空调器。

房型情况说明：该家庭为一楼临街的户型，冬季集中供暖，该户将南面房间作为家庭餐馆，北面为居住空间和卫生间。为其选择合适的空调提供整套房子的夏季制冷。

首先分析各个房间需要的制冷量大小。该南面房间作为家庭餐馆的餐厅，面积为 30m^2，每平方米所需制冷量需要 145～175W，计算该房间需要的冷量为 4350～5250W，

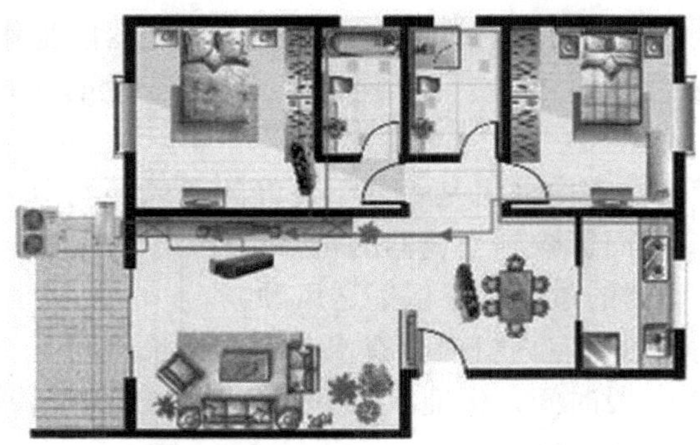

图 5.6　房型示意图

主人居住的房间面积为 20m^2，每平方米所需制冷量需要 115～145W，计算得出该房间需要的冷量为 2300～2900W，由于房间和厨房相通，冷气外泄比一般房间多，所以可以取其大值。

通过计算得出该户两个房间制冷量都比较大了，由于窗式空调器的制冷量一般比较小，达不到户型需求，所以这里可以考虑分体壁挂式空调器、柜式空调或者小型户式中央空调；该户为集中供暖，对冬季取暖的需求不大，从经济上考虑可以采用单冷空调器；由于冷量需求比较大，因此采用变频空调器可以节约更多的电能。分析了以上情况，我们就可以得到该房间所需的空调器的具体要求：制冷量为 2900W 左右的单冷型变频空调。

四、家用空调器的使用和保养

1. 空调器的使用

空调器使用之前要认真阅读使用说明，选择合适的运行模式，表 5.4 中列出了常见的空调运行模式。一般，夏季将空调温度设置到 26℃左右，冬季将空调温度设置到 18℃左右，一般空调器还有自动定时开关机和睡眠功能。

表 5.4　常见空调器运行模式

显示图标	运行模式	适用条件
	制冷	夏季使用，使房间空气降温并除湿
	除湿	夏季使用，天气湿度大时，使房间空气降温并除湿
	制热	冬季使用，使房间温度提高
△	自动	空调根据室内温度情况自动选择运行状态
	送风	出风栅可根据需要选择自动摆向和定向送风

2. 空调器的保养

家用空调器作为一种常用的家用电器，日常的正常使用和及时保养都能极大地延长使用寿命，日常保养要注意几个方面。

1）保证电源安全、连接可靠、没有虚接。由于空调器的工作功率较大，而且是长时间工作，它的插座要使用独立的专用插座，保证电路安全的同时也可以防止影响到家里的其他用电器。

2）要随时检查空调器室内外机是否处于良好的通风环境中，防止物品覆盖到空调器上，影响机器散热，从而影响到空调器的正常工作。

3）要及时清洗空调器的过滤网，保证送风顺畅。

4）夏季空调器制冷时，室内机内会有水分，如果长时间不使用空调器，则要在停机前使用送风模式运行一段时间，保证吹干室内机内水分，防止腐蚀、发霉等。

课后练习

一、选择题

1. 房间空调器 KCD-30 的制冷量是（　　）。

A. 3000W　　B. 300W　　C. 30W　　D. 30000W

2. 房间空调器停机后三分钟才能再开机是为了（　　）。

A. 制冷剂充分从润滑油中分离出来　　B. 液体制冷剂充分汽化

C. 高低压两侧压力平衡　　D. 使高压侧温度降低

3. 窗式空调器用（　　）台双轴电机同时带动室内离心风扇和室外轴流风扇。

A. 一　　B. 二　　C. 三　　D. 四

4. 相对于分体式空调器，窗式空调的优点是（　　）。

A. 不影响室内采光　　B. 噪声小

C. 管路密封性能好　　D. 制冷量大

5. 下列哪项是分体式空调器室内机组的组成部分（　　）。

A. 贯流式风扇　　B. 压缩机　　C. 毛细管　　D. 四通换向阀

二、填空题

1. 空调器进行制冷时单位时间内从密闭空间或区域除去的热量称为_________。

2. 制冷（制热）量的单位用_________来表示。

3. 空调器制冷或制热时所需消耗的电功率称为_________，单位为______。

4. 制冷量/额定功率称为空调器的_________，用字母_____表示。

5. 空调器在风门关闭的情况下，单位时间内向密闭空间送入的风量称为_________，常用单位为_________。

6. 噪声值单位为_________。

实训项目　空调器的选择

一、学生分组，分配房间

根据实训基地设备情况及学生实际学习情况，对班级学生进行分组（建议 4～6 人一组）和进行房间的分配，将学生分组和房间分配情况填入表 5.5。

表 5.5　学生分组及房间分配情况

组别	组长	成员名单	房间号
第一组			
第二组			
第三组			
第四组			
……			

二、考察房间

对每组学生发放任务单及相应工具，学生课下考察实际房间，填写表 5.6。

表 5.6　房间情况记录表

所考察的房间为（用途）＿＿＿＿＿＿＿＿，有无暖气＿＿＿＿＿＿。

序号	测量内容	数据记录	备注
1	房间高		
2	房间宽		
3	房间长		
4	窗户面积		
5	墙体材料		
6	墙体厚度		
7	工作人数		
8	朝向		

注：根据实际情况增减考察内容。

三、确定空调器

根据对房间的考察结果，分析各项房间参数，确定选择的空调器类型，填入表 5.7。该房间所选择的空调器为＿＿＿＿＿＿＿＿。

表 5.7　选择空调的类型

项　　目	选择类型或内容	依　　据
类型（窗机或分体机）		
室内机形式		
制冷量/W		
是否制热		
制热量/W		

注：根据实际情况增减相关内容，依据可另附纸填写。

学习单元六 空调器结构原理

家用空调器一般采用压缩式制冷，即通过压缩机改变制冷剂气体压力，使制冷剂在制冷系统管道中流动，因为制冷剂在不同压力状态下的沸点不同，通过制冷剂状态的改变从而引起对环境的吸放热变化，达到将室内外热量进行转移的目的。通过本单元的学习，要掌握以下内容：

1．分体式空调器的组成、结构及特点。

2．家用空调器各零部件的结构及作用。

3．分体式空调器的工作原理。

项目一　空调器工作原理

任务书

- 了解空调器的制冷原理。
- 掌握空调器的工作流程和各个状态下的制冷剂状态。

空调器根据制冷系统的不同可以分为单冷型空调器、热泵型空调器，下面将对这两种空调器的工作原理进行分析。

一、单冷型空调器

单冷型空调器是利用压缩机排出高温高压的制冷剂气体，送入到冷凝器中，由于制冷剂在高压下沸点升高，因此制冷剂气体在室外的冷凝器中放热、冷凝形成高温高压的制冷剂液体，然后经过毛细管或者节流阀进行节流减压，流入到室内蒸发器里，低压下制冷剂沸点降低，蒸发吸热，从而降低了室内空气的温度，达到制冷效果，原理如图 6.1 所示。

二、热泵型空调器

热泵型空调器在具有制冷功能的基础上，在冬季还有制热的功能，它是通过改变制冷剂流向从而改变制冷剂的吸放热位置，达到制冷、制热的效果。在热泵型空调器中，我们通过加装电磁四通换向阀来改变制冷剂流向，夏季制冷时，制冷剂从压缩

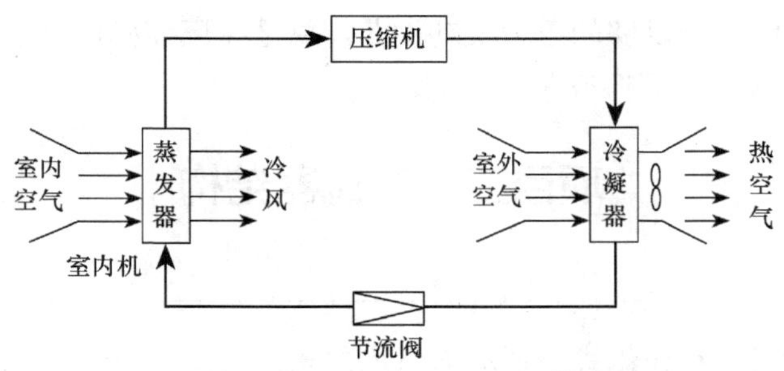

图 6.1　单冷型空调器工作原理图

机排出先流入到室外的换热器中放热，再经过节流减压流入到室内换热器中吸热，达到降低室内温度的目的；冬季制热时，制冷剂从压缩机排出先流入到室内的换热器进行放热，再流出到室外的换热器吸取户外的热量，从而达到升高室内温度的目的，具体工作原理如图 6.2 所示。

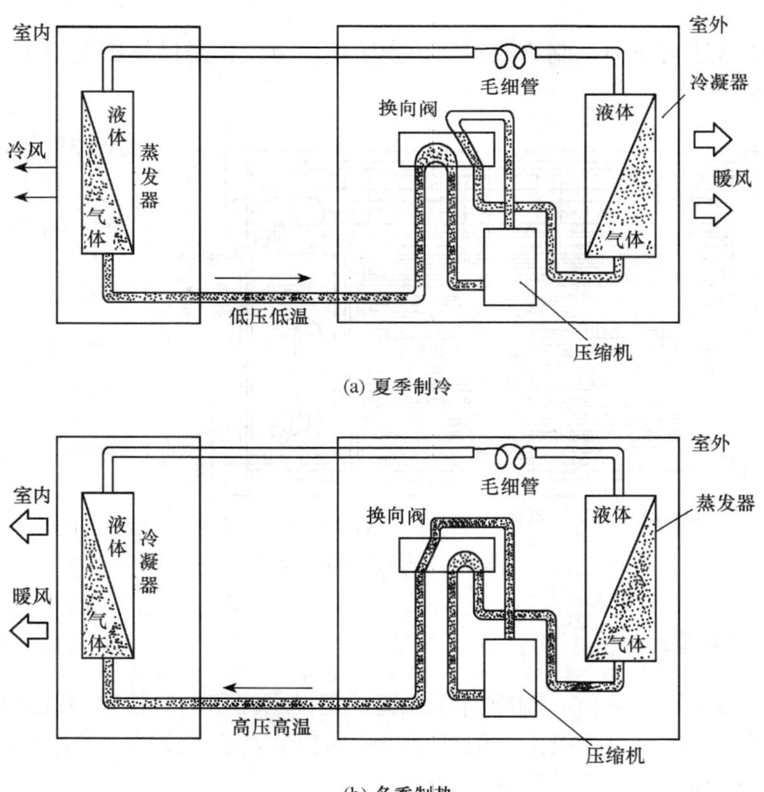

图 6.2　热泵型空调器工作原理图

在图 6.2 可以看到，将压缩机的吸排气管还有蒸发器、冷凝器与电磁四通换向阀相连接，通过改变四通阀的工作状态达到改变制冷剂流向的作用。电磁四通换向阀通过电磁线圈，改变阀芯的位置，从而改变四个管口之间的连通关系，改变制冷剂流向。在实际使用过程中，由于阀芯的移动是靠着制冷系统压力实现的，因此当冬季要使用制热功能，刚开机时，系统没有足够的压力推动阀芯，总是在压缩机运行了一段时间后，有了足够的压差，四通阀才能切换成制热模式。

项目二　空调器结构

任务书

- 认识窗式空调器和分体式空调器的组成结构。
- 掌握不同类型空调器的特点及优缺点。
- 掌握空调器空气循环系统各零部件的作用及特点。
- 掌握空调器空气循环系统的作用及气流流程。

一、窗式空调器

窗式空调器结构简单、制造成本低、安装使用方便，是最早出现的家用空调器，它的外形如图 6.3 所示。

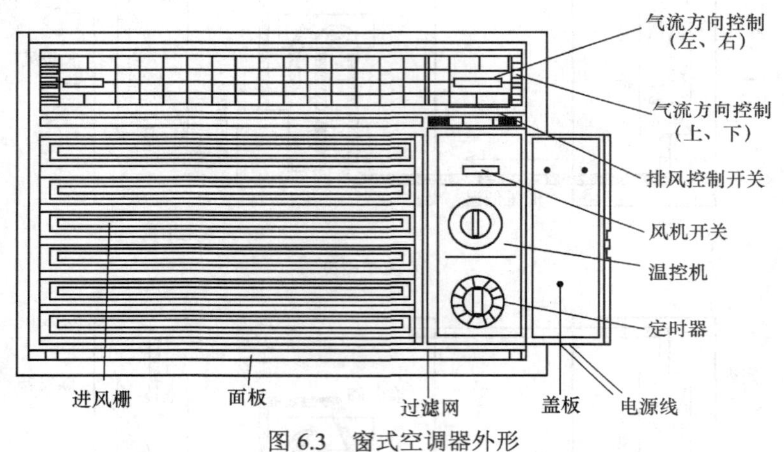

图 6.3　窗式空调器外形

1. 窗式空调器的组成

窗式空调器主要由箱体、制冷循环系统、空气系统和电气控制系统组成，如图 6.4 所示。空调器的箱体主要分成由钢板折压而成的壳体、承接冷凝水的地盘和空调器前面板。空调器的壳体上开有百叶形通风口。

（1）窗式空调器的箱体结构和材料

窗式空调器的箱体主要包括壳体、承载底盘和前面板。壳体用钢板（0.8～1.0mm）弯制而成，其两侧开有百叶通风窗孔。空调器的控制操作盘或显示装置固定在其表面。

（2）窗式空调器的制冷系统

压缩机、冷凝器、毛细管和蒸发器构成了空调器的制冷系统。如果安装有电磁四通

换向阀，则该空调器就具备了制热功能。

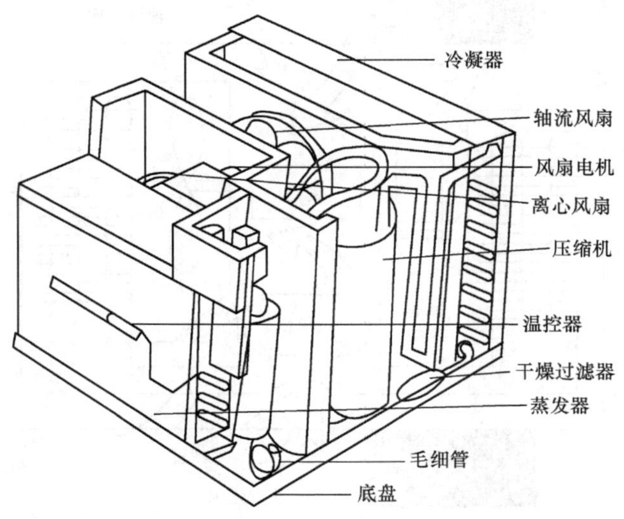

图 6.4　窗式空调器的组成

（3）窗式空调器的送风系统

窗式空调器的冷却风扇和强迫室内空气与蒸发器进行热交换的离心式风扇被装在一个箱体内。两个风扇共用一台电动机（该电动机的轴是加长的），送风系统还应包括室内侧的循环风道和空气过滤净化装置，与现在常见的分体式空调器不同的是，由于窗式空调器的结构特点，它是可以进行新风处理的，即可以通过控制新风格栅控制换风与否，当新风格栅打开时，可以通过空调器内部风道将室外新风引入到室内，提高室内空气质量。

（4）窗式空调器的控制系统

机械控制系统包括主控开关、温度控制器、电流过载保护器与热保护器、启动器与运转电容和电机等；电路控制的空调器的电气控制系统与机械式不同，当空调器接收到动作指令或者温控器传来的信号后，经过主控电路板的分析再发出动作指令给空调器，即信号分析处理过程是通过电路控制实现的。

2. 窗式空调器的结构

（1）单冷型窗式空调器和热泵型窗式空调器

单冷型窗式空调器（如图 6.5 所示）的蒸发器位于箱体内部的室内侧，冷凝器则位于箱体内部的室外侧，用一台双轴电机同时带动室内离心风扇和室外轴流风扇；热泵型窗式空调器的内部结构与单冷型窗式空调器基本相同，不同之处仅在于热泵型窗式空调器在制冷管道上增设一只电磁四通换向阀。单冷型窗式空调器只具有降温、通风、除湿等功能，而没有升温的能力；热泵型窗式空调器具备升温功能，只是升温的热能来自于冷凝器放出的热量。

（2）电热型窗式空调器

电热型窗式空调器是在普通单冷型空调器的蒸发器附近或出风口加装了一套电加热装置（一般是电加热管或 PTC 加热板），其结构如图 6.6 所示。制热时压缩机不工作，

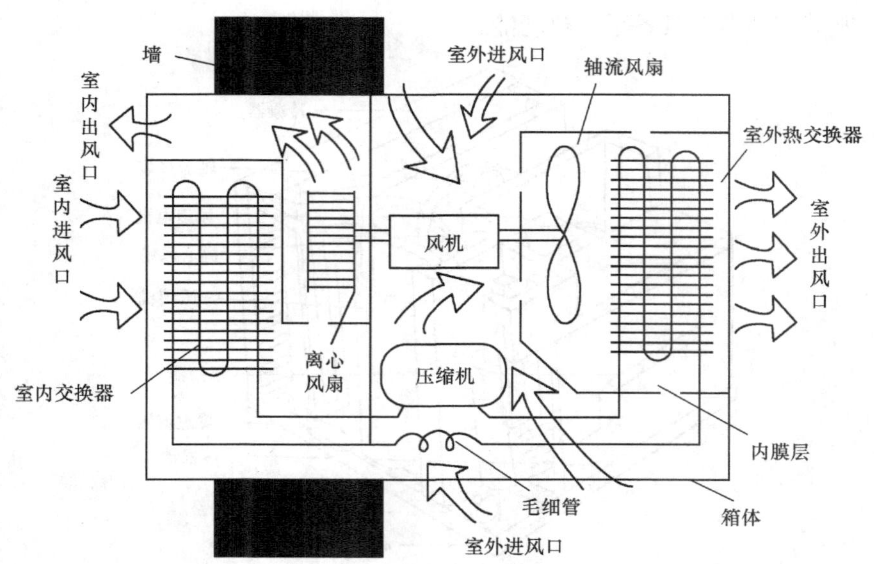

图 6.5　单冷型窗式空调器内部构造示意图

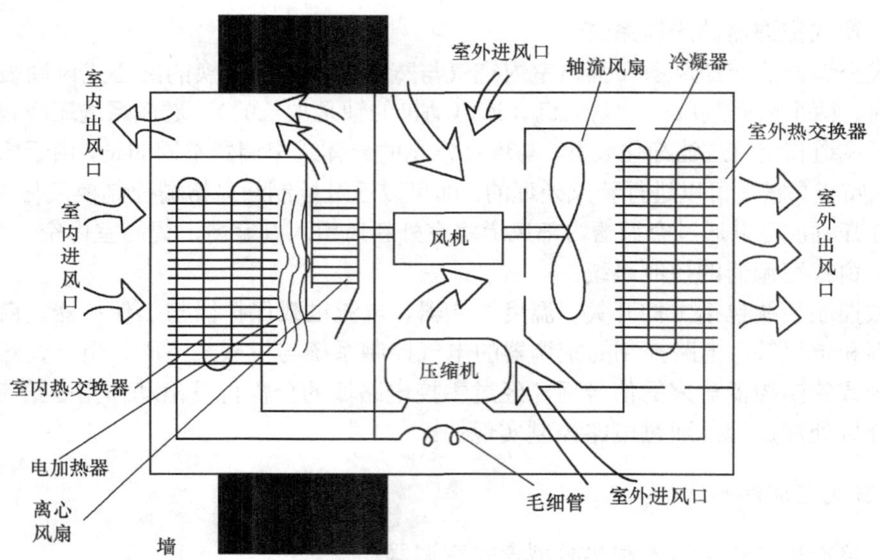

图 6.6　电热型窗式空调器内部构造示意图

只靠室内侧的离心风扇将电加热发出的热量吹入室内，使房间温度升高。和热泵型空调器相比，电热型空调器具有升温快、噪声低、不受环境温度限制等优点，但它的耗能较大。

3. 窗式空调器的优缺点

窗式空调器制造用材少、成本低，使用起来也比分体式空调器省电，同时，窗式空调器作为一体机，安装要求较低、技术要求不高、密封性好、制冷剂泄漏极少。由于窗式空调器结构紧凑、体积小、重量轻、安装方便等特点，适用于卧室、办公室、家庭、

小型计算机房等场所使用。

但窗式空调也有自身的缺点：首先影响室内的采光，由于目前一般居室在建筑设计上没有预留空调器位置，因此，窗式空调器安装在窗户上会影响采光，导致室内光线不足，而且还会有碍美观；其次，窗式空调器的噪声较大，由于窗式空调器的压缩机和风扇与室内不是完全隔离的，因此在室内能明显感觉到噪声。

二、分体式空调器

1. 分体式空调器整体结构

分体式空调器是把一个整体空调分成两部分，一部分在室内叫室内机，另一部分在室外叫室外机。其特点是噪声低、安装位置随意性强，但连接管口容易泄露，造价高。

分体式空调器由室内机组和室外机组两部分组成，两部分通过管道和电缆线连接，其整体结构如图 6.7 所示。

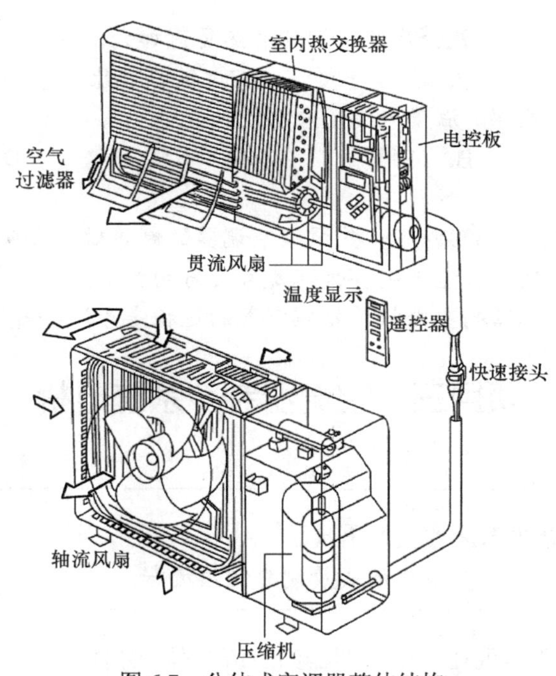

图 6.7　分体式空调器整体结构

2. 分体式空调器的组成

（1）室内机组

分体式空调器的室内机组由外壳、室内侧换热器、贯流式风扇及电机和电气控制系统（电控板）组成。

（2）室外机组

分体式空调器的室外机组由外壳、底盘、全封闭式压缩机、室外换热器、轴流式风扇及电机以及空调器其他附件，如气液分离器、干燥过滤器、高压开关、低压开关、过载保护器等组成。

（3）连接管道

连接室内、外机组的制冷剂管道分两根，较细的为液管，是高压管；较粗的为气管，是低压管。

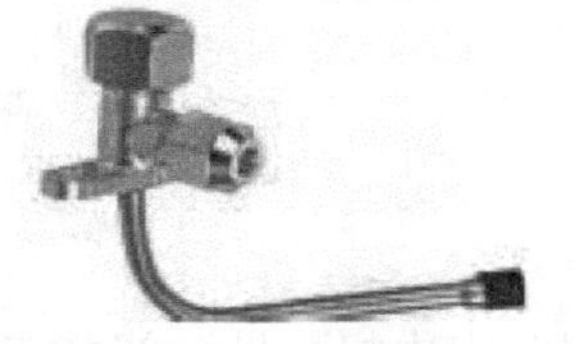
图 6.8　连接管道及阀门

（4）截止阀

连接液管的阀门为二通截止阀，如图 6.8 所示，又称液阀、高压阀；连接气管的阀门为三通截止阀，又称气阀、低压阀。在气阀旁边还有一个旁通阀，又称工艺口，它只是在系统进行抽真空、充制冷剂等操作，接压力真空表时才使用。

课后练习

一、单项选择题

1. 空气中的（　　），就会导致空调的潜热负荷加大。

A. 温度增高　　B. 湿度增大　　C. 压力上升　　D. 比容减少

2. 空气经过加热处理，温度升高，含湿量（　　）。

A. 增加　　B. 下降　　C. 不变　　D. 为零

二、判断题

1. 冬季室外温度在 -5℃以下，热泵型空调器的制热效果会明显变差。（　　）
2. 空调工况是反映一台空调设备性能是否良好的标准。（　　）
3. 壁挂式分体空调器的室内机，处理空气的过程是等湿冷却过程。（　　）

项目三　空调器制冷系统分析

任务书

- 选购空调器要根据家庭的实际需要。
- 掌握空调器制冷系统的组成形式及制冷制热流程。

分体壁挂式空调器是现在家用空调器的主流产品，分体式空调器主要由制冷循环系统、电气控制系统和空气循环系统组成，本项目主要讲空调器的制冷系统。

空调器制冷循环系统主要由压缩机、蒸发器、冷凝器和节流元件等组成，此外，还包括一些辅助性元器件，如干燥过滤器、气液分离器（储液器）、电磁四通阀等，如图 6.9 所示。

一、压缩机

空调器所用的压缩机与电冰箱所用的压缩机在原理上基本相同，其不同之处在于结构参数和工况条件。空调器所用的压缩机属高背压压缩机，而电冰箱所用的压缩机属低背压压缩机。背压是指压缩机的吸气压力，即蒸发器出口的压力，该压力与蒸发温度有

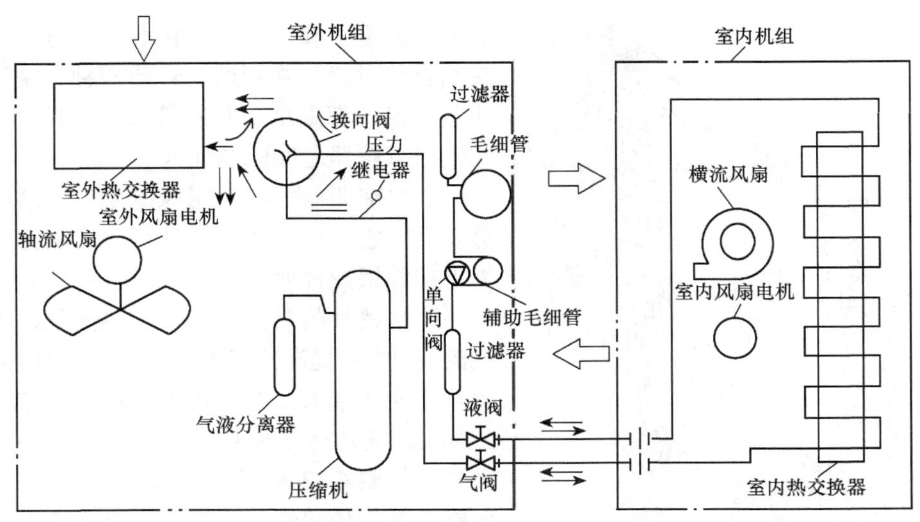

图 6.9　分体壁挂式空调器制冷系统（热泵型）

关。背压的高低通常按蒸发温度范围来划分。

压缩机分为开启式、半封闭式和全封闭式三种。由于全封闭式压缩机结构紧凑、体积小、重量轻、噪声低、密封性能好、允许转速高，因此，家用空调器几乎都采用全封闭式压缩机。空调用全封闭压缩机主要有往复活塞式压缩机、旋转式压缩机和涡旋式压缩机三种类型，活塞式及旋转式在电冰箱部分已进行过介绍，下边仅就涡旋式压缩机进行分析。

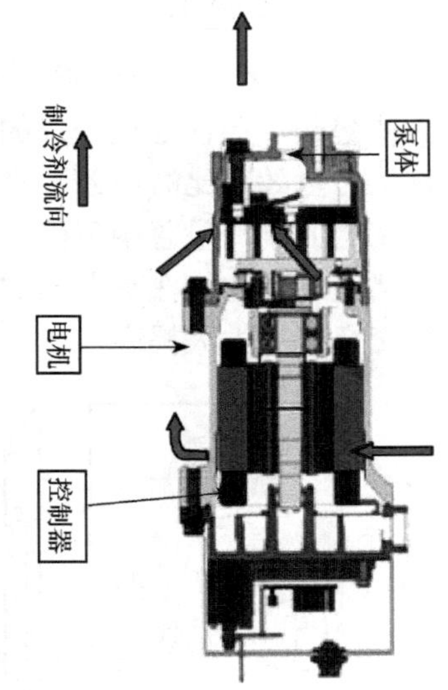

图 6.10　涡旋式压缩机

涡旋式压缩机（如图 6.10 所示）的压缩原理在 100 多年前就已提出，直至 20 世纪 70 年代，日本和美国成功开发了应用于空调制冷的涡旋式压缩机。它通过涡流状的旋转运动而进行制冷剂连续的吸入、压缩、排出，该压缩机无需吸、排气阀，并且能比较平稳地排出和吸入气体，因而有极高的容积效率。

近年来，美国和日本的一些公司相继推出轴向和径向的柔性密封涡旋式压缩机，有效地解决了涡旋式压缩机中湿压缩和高压比下排气温度过高的问题，以及少量金属磨屑和杂质对涡旋体的损伤。还利用轴向柔性密封技术，在加设控制电磁阀后，实现“数码涡旋”的变容量技术，扩展了容量的调节范围，可实现 10%～100%的比例调节压缩机容量范围，而且不影响离心供油的润滑性能。由于新技术的应用及材料和机械加工工艺的发展，涡旋式制冷压缩机自 20 世纪 90 年代后得以飞速发展，成为中小型制冷空调装置的重要压缩机品种。

二、蒸发器

蒸发器是制冷系统的直接制冷器件，低压液态制冷剂在其内吸热蒸发，从而使周围

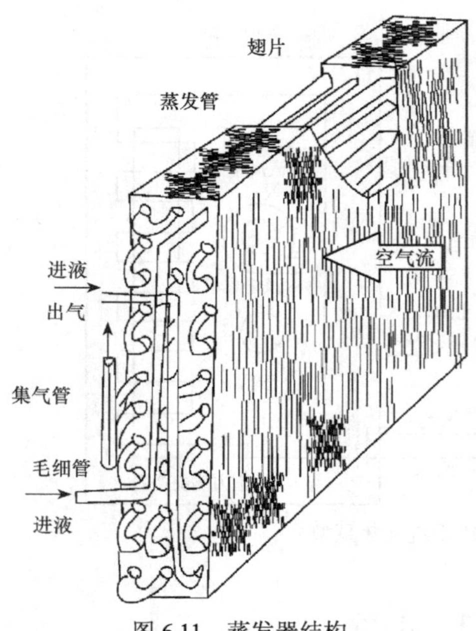

图 6.11　蒸发器结构

的空气温度下降。蒸发器按其冷却方式可分为空气自然对流和强制通风对流两种。空调器中的蒸发器，都采用强制通风对流方式，以加快空气与蒸发器之间的热交换。

小型空调器大都采用风冷翅片（肋片）式蒸发器，它的结构如图 6.11 所示，它是在紫铜管上接纯铝翅片而成。

胀接翅片的目的是增加传热面积，加强空气的扰动性，提高蒸发器在空气侧的传热效率。翅片厚度通常为 0.12～0.20mm，片距为 1.5～2.5mm。翅片有平翅片、波纹翅片、冲缝翅片之分，如图 6.12 所示。平翅片虽然加工容易，但刚性差、传热性能不好，现已逐渐被淘汰；波纹翅片与平翅片相比，刚性好、传热面积增加，且空气流过波状起伏的翅片时，增加了扰动和搅拌效应，因此传热效率提高 1/5 左右；而冲缝翅片会使通过翅片的空气在槽缝中窜来窜去，因此其扰动和搅拌效应比波纹片还好，传热效率比波纹翅片高 1/3，但冲缝翅片空气阻力大，容易积尘结垢，反而可能使空调器的制冷量急剧下降。所以，配置冲缝翅片的空调器不能在尘埃多的环境中使用。高档空调器往往在蒸发器的紫铜管内壁加翅片或在内壁加工成螺旋纹，使蒸发器整体的热交换效率大大提高。

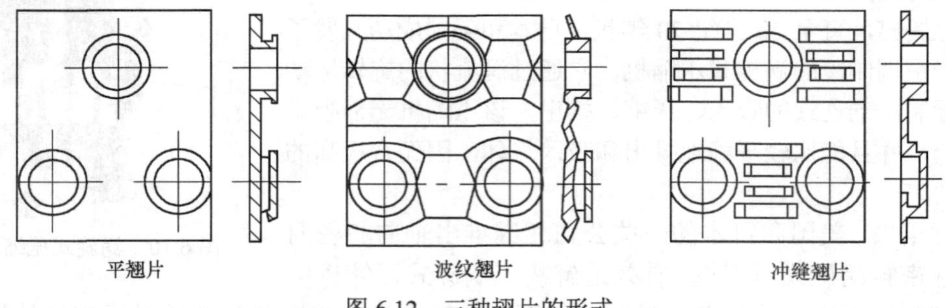

图 6.12　三种翅片的形式

由于空调器不断向小型化、轻量化发展，翅片间距常降到 2mm 以下，凝露水由于受表面张力的作用，会形成局部桥路，从而使空气流通截面减少，风压损失急剧增加，因此须对翅片表面进行亲水处理，以降低凝露水的表面张力，使之水膜化。翅片表面亲水处理的方法很多，其中，γ-水铝石处理的综合性能很理想，它除了具有极好的亲水性外，还有防腐蚀性能。

三、冷凝器

根据冷却介质的不同，冷凝器可分为风冷（空冷）式和水冷式两大类。家用空调器

等小型制冷设备所用的都是风冷式，即以空气为冷却介质，属于高压设备，被安装在压缩机的出口与毛细管之间，它将压缩机排出的高温高压制冷剂气体通过冷凝器的外壁和肋片与空气进行热交换以达到冷却目的（其结构如图 6.13 所示，与蒸发器相同），为提高换热效果还采用风扇来强制对流换热。

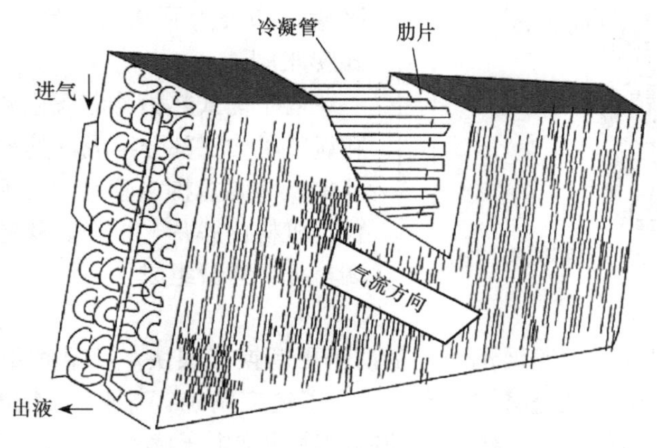

图 6.13　冷凝器

空气冷凝器的特点是结构简单、加工方便且制造简单。由于是干燥空气的传热，所以即便是在有严重空气污染的场合使用也不会对设备造成腐蚀。由于冷凝压力高，与水冷式冷凝器相比，其制冷量要低一些，能效比也比较小。

四、节流器件

节流器件是制冷循环系统中调节制冷剂流量的装置。它可把从冷凝器出来的高压、高温液态制冷剂降压、降温后，再供给蒸发器，从而使蒸发器获得所需要的蒸发温度和蒸发压力。空调器中常用的节流器件是毛细管和膨胀阀。小型空调器通常使用毛细管，而大、中型空调器一般使用膨胀阀。

1. 毛细管

毛细管是一根细长的紫铜管，其直径在 $\phi0.6\sim\phi2.5$mm 之间，长度为 0.5～5m（如图 6.14 所示），它接在冷凝器输液管与蒸发器进口之间。

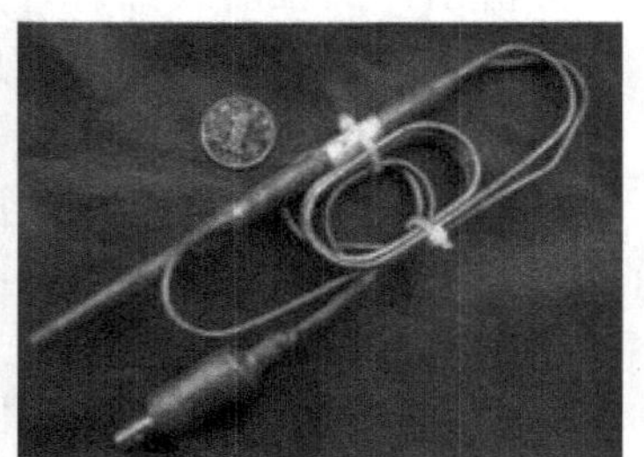

图 6.14　毛细管

毛细管结构简单，运行可靠，压缩机停机后，高、低压区的压力通过毛细管很快就达到平衡，因此，压缩机可使用转矩小的电机轻载启动。但是，毛细管调节制冷剂流量的能力很弱，几乎不能根据房间空调器负荷的变化调节制冷剂的流量，所以不能依靠毛细管调节制冷系统的制冷量。

2. 膨胀阀

由于毛细管使用的局限性，有一些小型空调制冷机当中也会用膨胀阀。膨胀阀既是

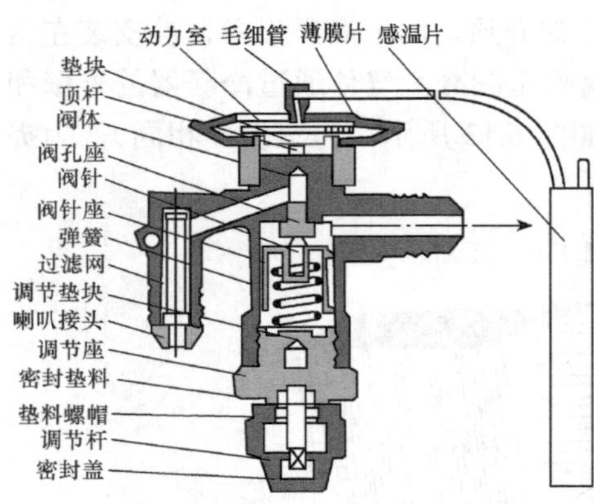

图 6.15　内平衡式热力膨胀阀结构

制冷系统的节流器件，又是制冷剂流量的调节控制器件，主要包括热力膨胀阀和电子膨胀阀。

（1）热力膨胀阀

热力膨胀阀依据受力的平衡方式可分为内平衡式和外力平衡式，空调器一般选用内平衡式膨胀阀。

内平衡式热力膨胀阀由感温机构、执行机构和调整机构三部分组成，其结构如图 6.15 所示。其中，感温机构由感温包、毛细管、膜盒组成；执行机构由膜片、推杆、阀芯组成；调整机构由调整杆、弹簧组成。

（2）电子膨胀阀

近年来，空调器技术发展迅速，空调器更新换代很快，新品种不断推出，如变频式热泵型冷热两用空调器就是其中的代表。为了适应精确、高速、大幅度调节负荷的需要，使制冷循环维持在最佳状态，微电脑控制的速动型电子膨胀阀应运而生。电子膨胀阀可以根据不同的工况，控制系统制冷剂的流量，因此在变频技术空调器、模糊控制技术空调器、多路系统空调器等系统中得到广泛的应用。

五、分配器

空调器（如分体立柜式空调器）中的蒸发器采用热力膨胀阀进行节流时，大多将制冷剂分成多路进入蒸发器中，而要将膨胀阀出来的制冷剂均匀地分配到各条通路内，必须使用分配器。

图 6.16 所示为分配器结构，它由一个分配本体和一个可装拆的节流喷嘴环组成。节流环的出口有一圆锥体，各条流路的液体沿圆锥体分开流出，圆锥的底部有许多均匀分布的孔用于连接蒸发管。制冷剂由入口经节流喷嘴环而进入分配体，再经圆锥体分别进入各分路孔，然后进入蒸发器各分路蒸发管中。

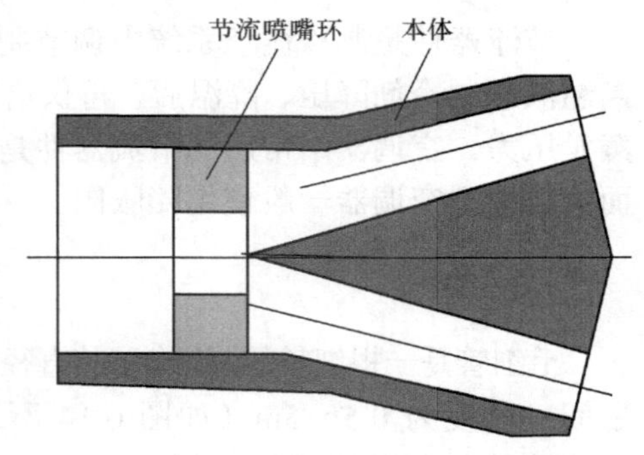

图 6.16　分配器

六、干燥过滤器

由于空调器制冷剂系统中含有微量的空气和水分，再加上制冷剂和冷冻油中含有的少量水分，若其总含水量超过系统的极限含水量，当制冷剂通过毛细管（或热力膨胀阀）节流降压时，制冷剂中含有的水分就可能在毛细管出口（或热力膨胀阀的阀芯处）冻结成小冰块，堵塞毛细管（或热力膨胀阀的阀芯通道），使空调器制冷剂系统不能正常工作。另外，空调器制冷系统中还可能含有一些脏物和其他杂质，若不把它们除掉，也可能堵塞毛细管（或膨胀阀的阀芯处）。所以，空调器一般都要安装干燥过滤器。图 6.17

所示为干燥过滤器的结构，其外形为圆筒状，其中过滤网设置在过滤器较细的一端，另一端设置滤栅，在这两端之间充满着干燥剂分子筛（或活性氧化铝、硅胶）。过滤器的一端与冷凝器相连，另一端与毛细管相连，毛细管焊接时伸入干燥过滤器内一段长度，但不能与过滤网相碰，以免堵塞毛细管。

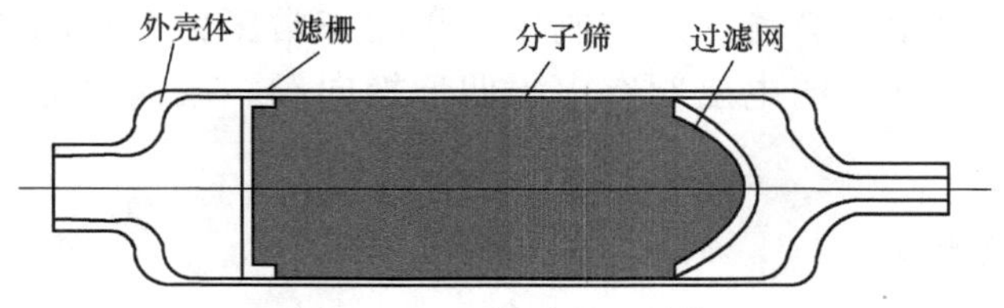

图 6.17　干燥过滤器结构

七、气液分离器

为了防止液态制冷剂进入压缩机，引起液击，制冷量比较大的空调器均在蒸发器和压缩机之间安装气液分离器。普通气液分离器的结构如图 6.18 所示。从蒸发器出来的制冷剂进入气液分离器后，制冷剂中的液态成分因本身自重而落到筒底，只有气态制冷剂才能由吸入管吸入压缩机。气液分离器筒底的液态制冷剂待吸热汽化后，亦可吸入压缩机。这种气液分离器常用于热泵型空调器中，接在压缩机的回气管路上，以防止制冷运行与制热运行切换时，把原冷凝器中的液态制冷剂带入压缩机。

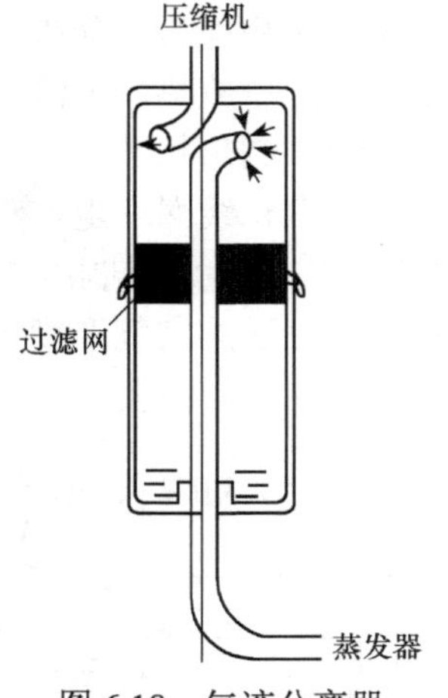

图 6.18　气液分离器

旋转压缩机的气液分离器与压缩机组装在一起，其结构很简单，即在一个封闭的筒形壳体中有一根从蒸发器来的进气管及一根通到压缩机吸入口的出气管，两管互不相连，筒形壳体内还设有过滤网。这种气液分离器还兼有过滤和消声两种功能。

八、单向阀

单向阀的作用是使液体只向一个方向流动，不可逆流，其阀体外表面往往标有制冷剂流向的箭头。热泵型空调器夏天制冷、冬天制热，其工况差别悬殊，若仅靠电磁换向阀来切换制冷剂的流向，往往不可靠。为了使热泵型空调器在制冷工况和制热工况下都能安全而有效地运行，常常在制冷管道中增设单向阀。

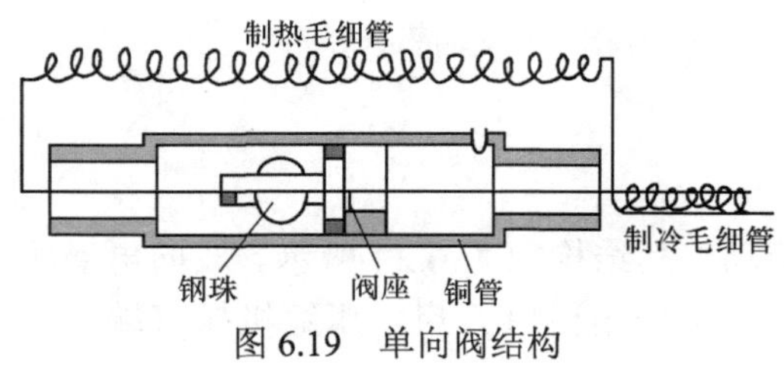

图 6.19　单向阀结构

单向阀主要由铜管外壳、阀座、钢珠组成，如图 6.19 所示。制冷时通过单向阀利用制冷毛细管进行节流降压；而制热时，单向阀不通，制冷剂必须通过制热毛细管和制冷毛细管进入室外侧换热器。此外，为了防止停机时制冷剂由冷凝器回流进入压缩机，从而引起液击，分体式单冷型空调器多在靠近压缩机的排气管上安装单向阀。

九、电磁阀

电磁阀是利用通电线圈所产生的电磁力来接通、切断制冷剂通路或切换制冷剂流向的闸阀，它也可用于旁路，以控制压缩机在正常压力下启动和运行。电磁阀的形式很多，空调器上常用的电磁阀有电磁四通换向阀、双向电磁阀和专用电磁阀旁通阀。

1. 电磁四通换向阀

电磁四通换向阀又称电磁换向阀、电磁四通阀，常用在热泵型空调器上，通过改变制冷剂的流向，实现制冷工况和制热工况之间的转换。

（1）制冷状态

电磁阀线圈不通电时，热泵型空调器工作在制冷模式，如图 6.20 所示，此时管道 1 和管道 2 相连通，管道 3 和管道 4 相连通，制冷剂被压缩机排出后，首先流经室外侧热交换器冷凝放热，节流后经室内侧热交换器蒸发吸热，实现了室内制冷。

（2）制热状态

当电磁线圈通电，热泵型空调器工作在制热模式，如图 6.21 所示。管道 1 和 4 连通，2 和 3 连通，此时制冷剂的流向是被压缩机排出后首先经室内侧热交换器冷凝放热，使室内侧流通的空气温度上升，达到空调器制热的目的；节流后经室外侧热交换器蒸发吸热，再回到压缩机。

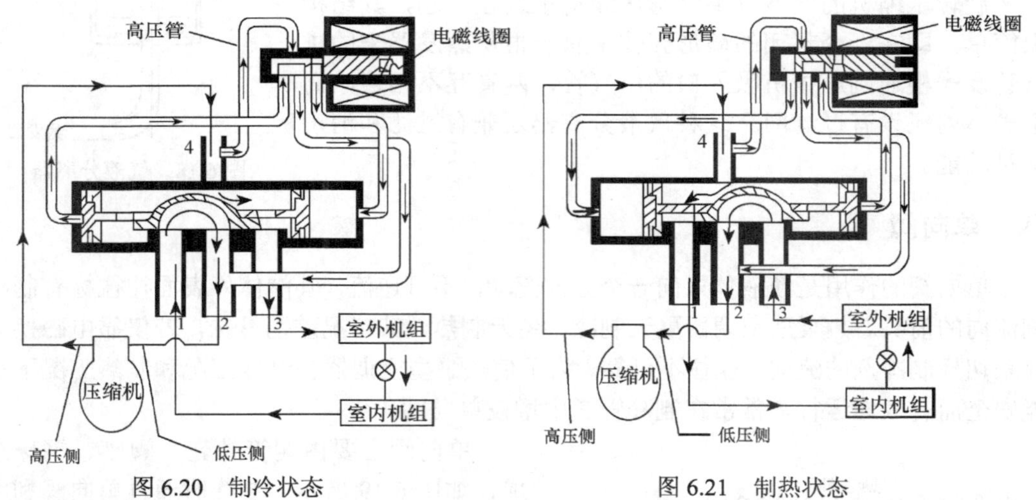

图 6.20 制冷状态　　　图 6.21 制热状态

2. 双向电磁阀

双向电磁阀允许制冷剂沿两种不同方向流动，其结构如图 6.22 所示。双向电磁阀可用于控制压缩机负载的轻重。当线圈通电时，双向电磁阀开启，压缩机排气端有一

部分制冷剂返回进气端，则压缩机两侧压力差减小，压缩机轻载运行；而线圈断电时，双向电磁阀关闭，压缩机满载运行，如图 6.23 所示，这里双向电磁阀实际上起旁通阀的作用。

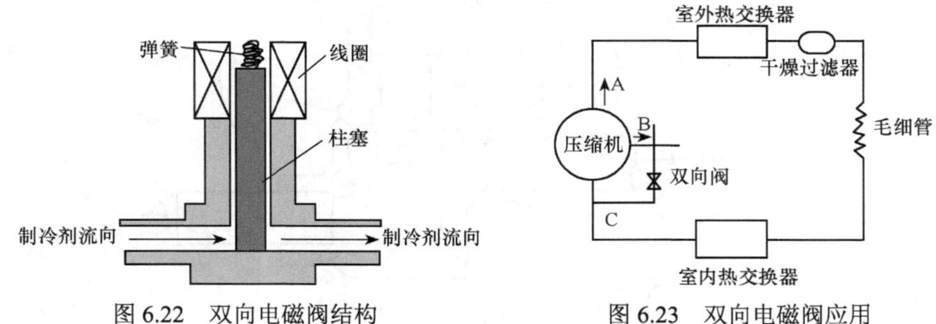

图 6.22 双向电磁阀结构

图 6.23 双向电磁阀应用

3. 专用旁通电磁阀

专用旁通电磁阀的外形如图 6.24 所示，旁通电磁阀开启时，制冷剂从水平管流进，由竖直管流出。旁通电磁阀可以为压缩机减载运行或启动、单独除湿等提供制冷剂的旁通路径。

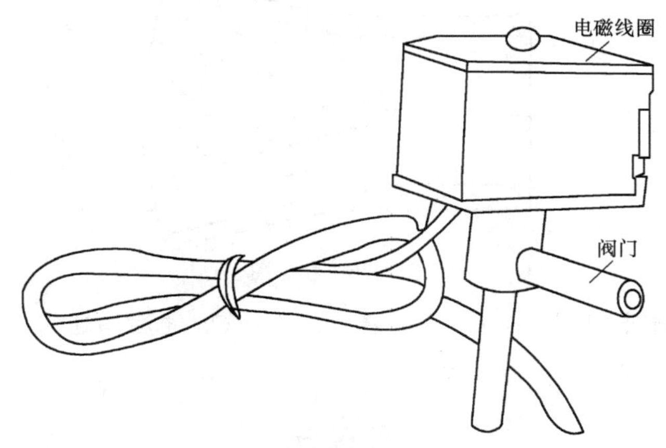

图 6.24 专用旁通电磁阀

十、截止阀

为了安装和维修方便，分体式空调器在其室外机组的气管和液管的连接口上，各装一只截止阀，这是一种管路关闭阀，结构形式较多。从配接管路看，有三通式（带旁通孔）和两通式（不带旁通孔）；从外形看，有直角型和星型（Y 型）等。通常，气阀多用三通式，而液阀既可用两通阀，也可用三通阀。图 6.25 为直角型三通截止阀，阀杆有前位、中位和后位三种工作位置。

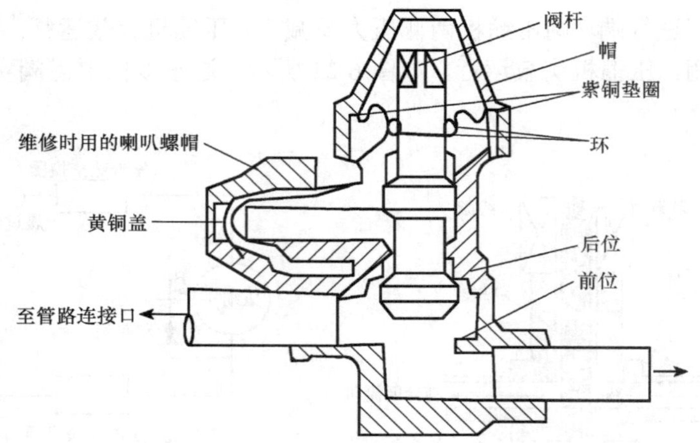

图 6.25　直角型三通截止阀

课后练习

一、单项选择题

1. 图 6.26 所示为（　　）。

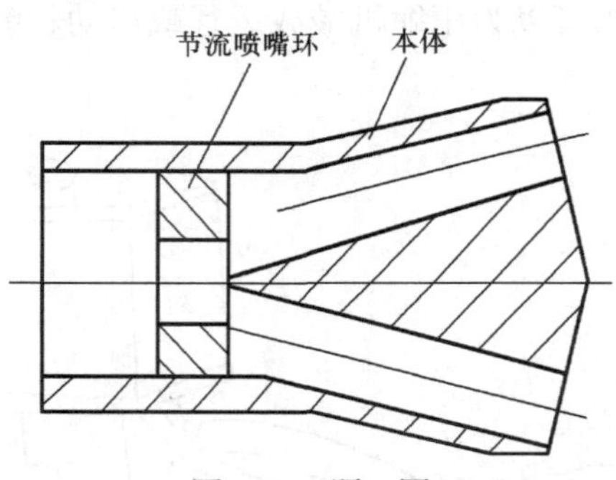

图 6.26　题 1 图

A. 热力膨胀阀　　B. 分配器　　C. 电磁四通阀　　D. 干燥过滤器

2. 图 6.27 所示为（　　）压缩机。

图 6.27　题 2 图

A. 旋转式　　B. 活塞式　　C. 离心式　　D. 涡旋式

3. 图 6.28 所示为（　　）。

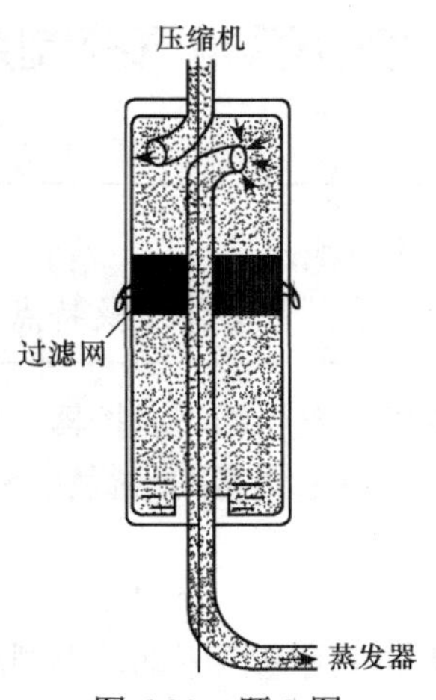

图 6.28　题 3 图

A. 热力膨胀阀　　B. 气液分离器
C. 电磁四通阀　　D. 干燥过滤器

4. 空调器安装在压缩机的出口与毛细管之间的设备是（　　）。
A. 蒸发器　　B. 干燥过滤器　　C. 电磁四通阀　　D. 冷凝器

5. 结构简单，运行可靠，但调节制冷剂流量的能力很弱的节流器件是（　　）。
A. 毛细管　　B. 内平衡式热力膨胀阀
C. 外平衡式热力膨胀阀　　D. 电子膨胀阀

二、判断题

1. 空调机的蒸发温度一般取 5～7℃，它可以通过调节膨胀阀的开启度得到。（　　）
2. 窗式空调器在开动室内机三分钟后才可启动制冷压缩机。（　　）
3. 为了防止压缩机回油不良，在安装分体空调时室内机不得低于室外机。（　　）
4. 四通换向阀内阀腔滑块的位移是靠两侧压力差来移动的。（　　）
5. 换向阀的作用是切换制冷剂流向，达到制冷或制热的目的。（　　）

三、填空题

1. 压缩机分为________、________和________三种。
2. 膨胀阀有________和________两种。
3. 依据受力的平衡方式，热力膨胀阀可分为________和________。
4. 写出以下几种翅片的名称。

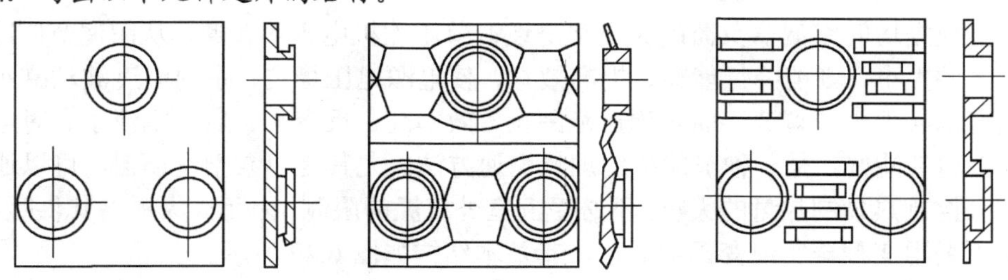

________　　________　　________

项目四　空调器电气控制系统分析

任务书

- 掌握空调器电气控制系统的组成。
- 掌握空调器电气控制系统各零部件的作用及特点。

空调器的电气控制系统由电机、继电器、温控器、电容器、熔断器及开关、导线和电子元器件等组成，用以控制、调节空调器的运行状态，保护空调器的安全运行。

一、电机

空调器中的压缩机、风扇等器件用电机驱动，小型家用窗式和分体式空调器都用单相异步电机，容量较大的柜式空调器多用三相异步电机，摇风装置和电子膨胀阀多用微型同步电机或步进电机。

1. 压缩机电机

空调器中的压缩机电机必须具备耐高温、具有较大的启动力矩、能适应供电电压的波动、耐冲击和振动、耐制冷剂和油的侵蚀等性能。常用的压缩机电机有单相异步电机和异步变频调速电机等。

（1）单相异步电机

空调器压缩机用的单相异步电机结构与电冰箱压缩机用的电机基本相同。家用空调器压缩机电机多采用电容运行式（PSC）。电机从启动到正常运转的全过程中，副绕组电路中始终都串接一只电容。这样电机运行性能好、效率和功率因数较高、工作可靠，但启动转矩小，空载电流大。若瞬时断电再启动时，间隔时间太短，可能会过载，因而必须有过流保护装置。

空调器一般都采用全封闭式压缩机，即将压缩机和电机组装在同一个封闭的泵壳体内。这种电机直接暴露在高温高压的制冷剂蒸气和冷冻油的混合物中，易受到制冷剂、冷冻油及其杂质的分解产物的腐蚀；而且在制冷循环过程中，电机一直处在振动及制冷剂蒸气剧烈冲击下（冷热交替冲击和压力波动冲击），因此电机在电气方面和化学稳定性方面必须可靠。

（2）变频调速异步电机

若能根据房间空调器负荷的大小平滑地调节压缩机电机的转速，从而调节制冷（或制热）量的大小，则能降低能耗、提高效率、使电源电压稳定、室内温度波动减小。变频调速可以实现平滑调速，而且调速范围宽、效率高、反应快、启动电流小、对电网影响小、舒适性能好，是一种节能型的理想调速方法。尤其是热泵型空调器，可以通过调频调速来控制热泵制热量的大小，不必受到室外气温的限制，因而大大提高其供暖能力。异步电机采用变频器实现变频主调速，其基本结构如图 6.29 所示。

变频器分为直接（交-交）变频和间接（交-直-交）变频两大类。交-交变频器能将

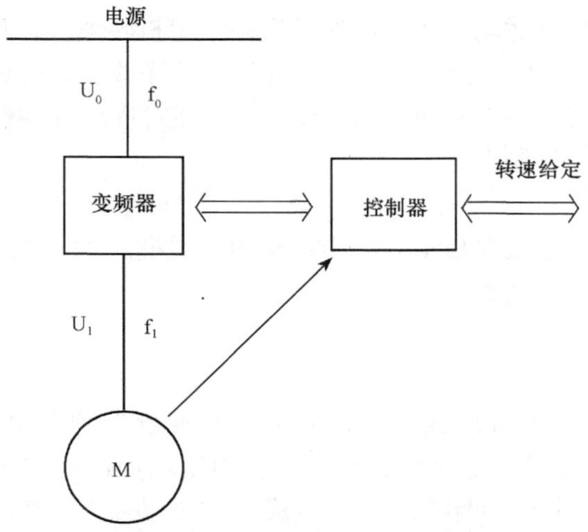

图 6.29　变频调速基本结构

恒压恒频的交流电直接变换成电压和频率都可以控制的交流电。而交-直-交变频器则是先用逆变器将工频交流电变成直流电，然后再经过逆变器将直流电变成频率和电压都可以控制的交流电。压缩机的电机的变频调速通常用交-直-交变频。单相交-直-交变频器主电路如图 6.30 所示，它用来驱动单相压缩机电机。

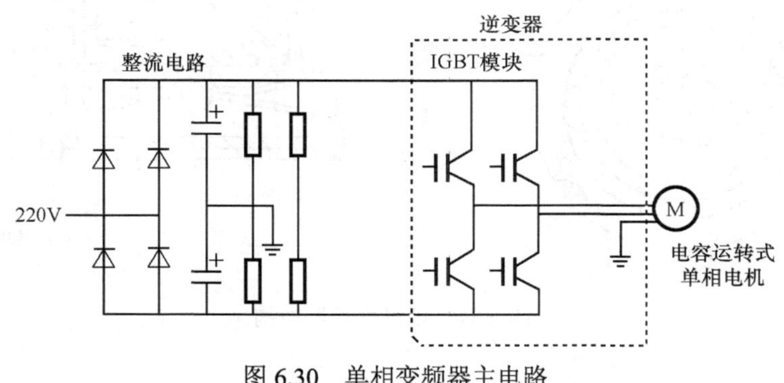

图 6.30　单相变频器主电路

2. 风扇电机

空调器的热交换器（室内）用风扇送风，以增强热交换效果。根据使用的需要，电机需进行调速。调速方法多采用改变电机定子绕组的匝数来改变主绕组上的工作电压，从而达到改变磁通、调节转速的目的。其接法均可设计为高速、中速和低速三个转速挡，也可设计为两个转速挡。它们都是因中间绕组与主绕组串接而产生分压作用，使主绕组的电压降低，从而达到降低转速的目的。

3. 其他装置的电机

（1）步进电机

步进电机是一种将电脉冲信号转换成直线位移或角位移的执行元件，即外加一个脉冲信号于电机时，电机就运动一步。脉冲频率高，电机转速快，反之则慢；脉冲数多，电机直线位移或角位移就大，反之则小。脉冲信号相序改变，电机逆转；脉冲停止，电机即自锁。步进电机需与专用驱动电源相配套，才能发挥运行性能。步进电机通常用在电子膨胀阀阀门开度的控制上。

（2）永磁同步电机

永磁同步电机分为爪极自启动和异步启动两种类型。空调器出风栅叶摇风装置杆上用的微电机就属于前一种类型。

二、过载保护器

过载保护器可防止电机过载烧坏，一般兼有温度保护和电流保护双重功能。家用空调过载保护器多采用蝶形过载保护器，它的结构如图 6.31 所示。它由双金属片、壳体、动触点、固定触点、调整螺钉等组成，它安装在压缩机的外壳上，当压缩机超负荷运行或空调器工作时的环境温度过高时，保护器就自动切断电源，使压缩机停止运转。

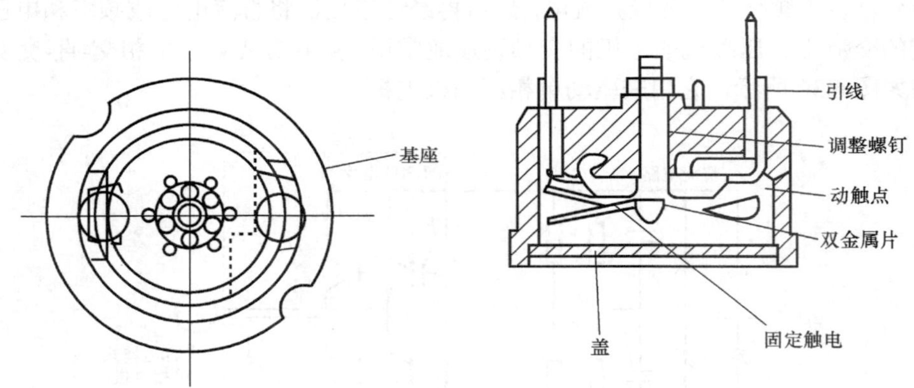

图 6.31　蝶形保护器结构

三、温度控制器

温度控制器简称温控器，空调器中的温控器可对房间的温度进行自动控制，使空调器房间的温度保持在某一个范围内。空调器上常用的温控器有三种。

（1）波纹管式温控器

窗式空调器上多采用波纹管式温控器，这是一种压力式温控器，其外形和结构如图 6.32 所示。感温包、毛细管和波纹管中充有感温剂，感温包置于空调器回风口，能直接感受室内温度。当室内温度发生变化时，波纹管伸长或缩短，通过杠杆结构控制微动开关的开、关，进而控制压缩机的转、停，使室温保持在一定范围内。

（2）膜盒式温控器

膜盒式温控器的结构如图 6.33 所示，膜盒式与波纹管式温控器的结构类似，作用原理相同，只是把波纹管改为膜盒。

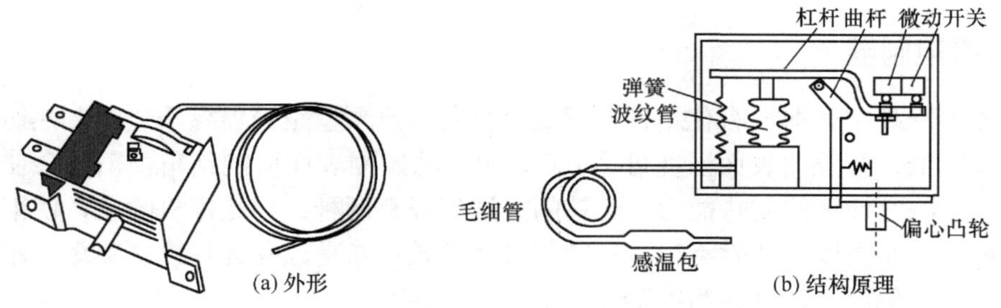

(a) 外形　　(b) 结构原理

图 6.32　波纹管式温控器

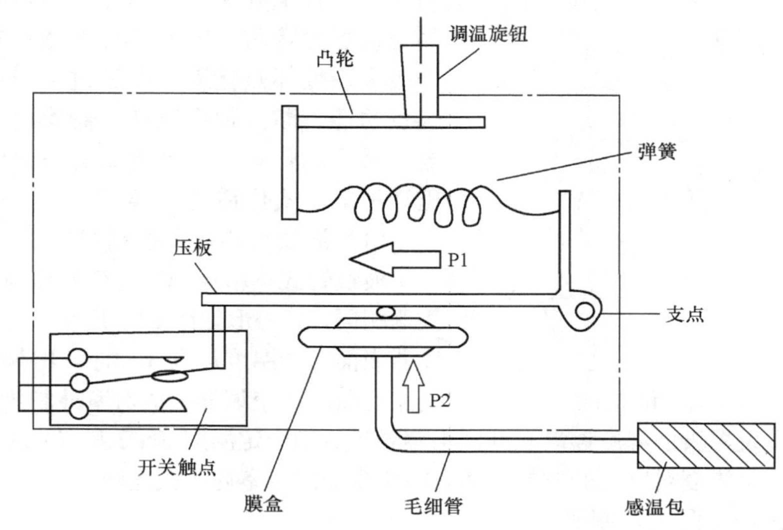

图 6.33　膜盒式温控器

（3）电子式温控器

这种温控器通常以具有负温度系数的热敏电阻作为感温元件，并与集成电路配合使用。为了提高温控器的灵敏度，常将热敏电阻接在电桥电路中，作为电桥的一个臂，如图 6.34 所示。图中，R_1 为热敏电阻，其他电阻为定值电阻，J 为继电器，其工作原理与电冰箱上用的电子式温控器相同。

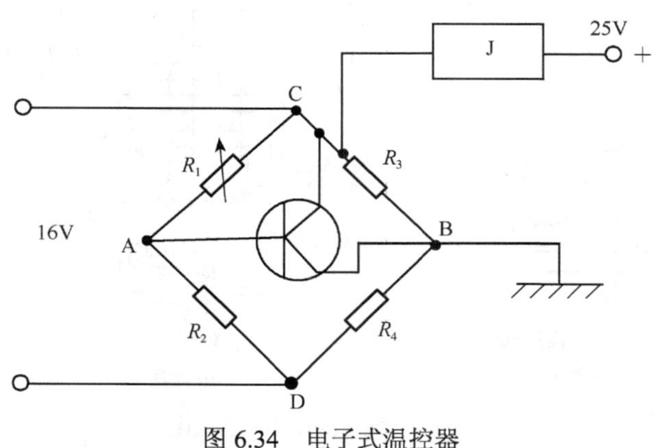

图 6.34　电子式温控器

四、化霜控制器

一般单冷型空调器没有化霜控制器这个部件。热泵型空调器冬季进行制热时，由于室外温度较低，蒸发器表面温度可达 0℃以下，蒸发器表面可能结霜，霜层会使空气流动受阻，影响空调器的制热能力。除霜的方法一般有两种：一是停机除霜，使霜自己融化，这种方式在温度较低时不行，且融霜时间较长；二是改变运行模式除霜，即换向阀改向，使室外侧的蒸发器转为冷凝器。

化霜控制器也是利用温度控制触头动作的一种电开关，它是热泵制热时去除室外热交换器盘管霜层的专用温控器。其化霜方式一般为逆循环热化霜，即通过化霜控制器开关触点的通、断，使电磁换向阀换向。家用空调器上常用的化霜控制器主要有波纹管式、微差压计和电子式化霜控制器。

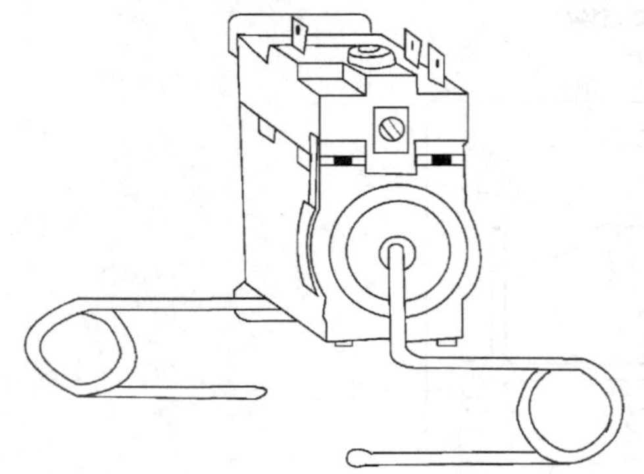

图 6.35　波纹管式化霜控制器

（1）波纹管式化霜控制器

波纹管式化霜控制器工作原理与波纹管式温控器相同，其外形如图 6.35 所示，感温包贴在蒸发器表面，当温度达到 0℃时，将换向阀的线圈电路切断，将空调器改成对室外制热运行。经除霜后、室外蒸发器表面温度逐渐上升，当感温包达到一定温度（6℃左右）时，接通换向阀线圈电路，又恢复对室内的制热循环。在化霜期间，室内风机停转。

（2）微差压计除霜控制器

微差压计除霜控制器利用微差压计感受室外热交换器结霜前后的压差来自行控制。如图 6.36 所示，高压端接在室外热交换器的进风侧，低压端接出风侧。热交换器盘管结霜后，气流阻力增加，前后压差发生变化，从而接通化霜线路，使电磁换向阀换向化霜。这种化霜方式仅与盘管结霜的程度有关，因而化霜性能好。

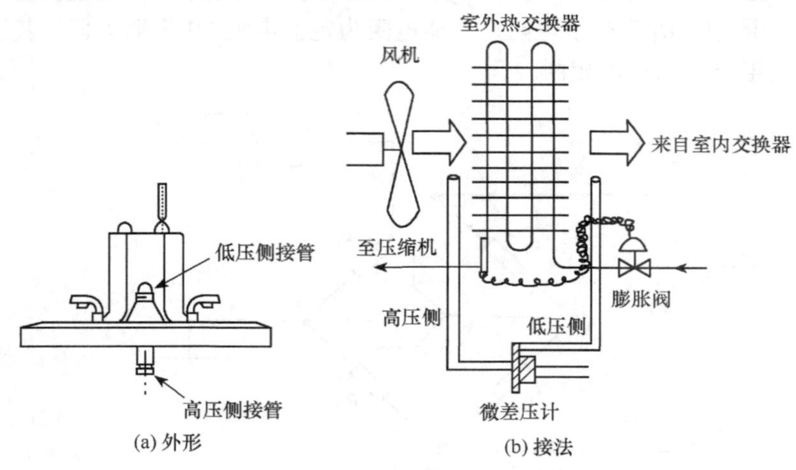

图 6.36　微差压计除霜控制器

（3）电子式化霜控制器

电子式化霜控制器是通过温度和时间两个参量来控制化霜的。它先通过热敏电阻来感受室外热交器盘管表面的温度，并以此来控制电磁换向阀的换向；同时，通过集成电路来控制化霜的时间。热泵型空调器还常有辅助电热器，化霜期间还可以在集成电路的控制下，启用电热器，并向室内吹送热风。

五、遥控器

遥控器通常用红外线作载体，发送控制信号，它由遥控信号发射器和遥控信号接收器两个部分组成。

（1）遥控信号发射器

遥控信号发射器是独立于空调器本机的键控开关盒，故又叫遥控开关，其原理图如图 6.37 所示。键盘由矩阵开关电路组成。开关盒内的 IC_1 扫描脉冲和键盘信号编码器构成键命令输入电路。当按下某个功能键时，相应的扫描脉冲通过键开关输入到 IC_1，使 IC_1 内的只读存储器中相应的地址被读出，产生相应的指令代码，再由指令编码器转换成二进制数字编码指令。而指令编码器输出的编码指令送到编码调制器，形成调制信号。调制信号经缓冲级到激励管，由 VT_1、VT_2 组成的红外信号激励级放大到足够的功率，去驱动红外发光二极管，发射出经调制的指令信号。

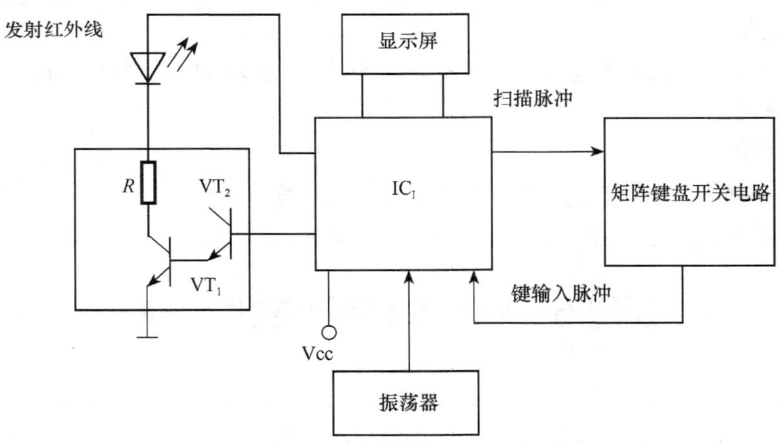

图 6.37　遥控信号发射器原理图

（2）遥控信号接收器

遥控信号接收器装在空调器本机面板内，其原理图如图 6.38 所示。当红外指令信号被接收器的光敏二极管接收后，光敏管将光信号转换成电信号。该信号经放大增益、限幅、滤波、检波、整形、解码后，输出给有关电路，执行相应的功能。

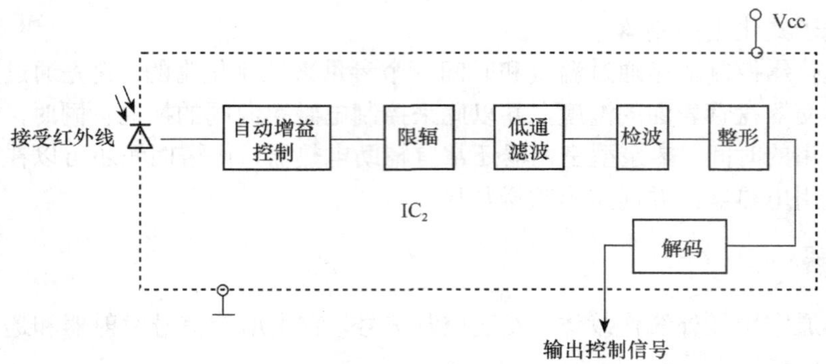

图 6.38　遥控信号接收器原理图

课后练习

一、单项选择题

1. 小型家用窗式和分体式空调器的压缩机电机为（　　）。

A. 三相异步电动机　　B. 单相异步电动机

C. 步进电机　　D. 永磁同步电机

二、判断题

1. 空调器的遥控器设置温度和出风温度有关，设置值越小，出风温度越低，房间的温度下降也越快。（　　）

2. 工作电压为 380V 的空调器，用变压器把电压为 220 V 的照明用电升高至 380V，空调器即可使用。（　　）

三、填空题

1. 遥控器通常用________作载体，发送控制信号。

2. 遥控器由________和________两个部分组成。

项目五　空气循环系统部件分析

任务书

- 掌握空调器空气循环系统各零部件的作用及特点。
- 掌握空调器空气循环系统的作用及工作流程。

空气循环系统的作用是强迫空气对流，使室内的冷量或热量充满整个房间，同时还可将室内的污浊空气排出，从室外换入新鲜空气。

一、风扇

空调器只有制冷系统不能实现高效的冷热交换，必须用风扇对室内外热交换器进行强制冷、热交换，以提高热交换效率，使房间温度迅速降低。空调器一般采用轴流式风扇和贯流式风扇。

1）轴流式风扇（如图 6.39 所示）装在室外热交换器内，它是室外空气循环的动力。它由径向 4～8 块叶片及中央的中心板构成，多采用塑料注塑成型，也可采用铝材压制而成，风量大、效率高、噪声小。由于夏季室外温度较高，进入室外热交换器的气温高，所以空调器室外风扇大都采用压力低、流量大的轴流式风扇。

图 6.39　轴流式风扇

2）贯流式风扇（如图 6.40 所示）装在壁挂机室内热交换器里侧或装在室内柜机下半部，是空气循环的动力。贯流式风扇一般由工作叶轮、轴组成，叶轮是由圆弧状的向前叶片构成，端板中心为轴。当叶轮旋转时，叶片之间吸入气体，在离心力的作用下，气体抛向叶轮周围，体积压缩、密度增加，产生静压力，同时加大气流速度，产生动压（即提高了动能），使气体由风口送出。在此情况下，叶轮中心部分形成低压空间，空气不断吸入，从而形成空气进、出的不断循环。

图 6.40　贯流式风扇

贯流式风扇在叶轮直径较小、旋转速度较低的情况下，可以产生较高的压力，使其工作效率很高，并且工作噪声小。

二、空气过滤器

图 6.41　空气过滤器

空气过滤器（如图 6.41 所示）是空调器的空气净化处理设备，它是由各种纤维材料制成的、细密的滤尘网，室内空气首先通过空气过滤网，可滤除空气中的尘埃，再进入蒸发器进行热交换。它利用室内空气中的灰尘由于静电、表面吸附等作用而被捕集的原理，达到净化空气的目的。功能完善的空气过滤器（空气清新器）能滤除 0.01mm 的烟尘，并有灭除细菌、吸附有害气体等功能。灭菌和高效除尘通常采用高压电场；吸附有害气体通常用活性材料或分子筛等吸附剂。

三、导风叶片

为了使房间温度分布更加均匀或实现定向送风，空调器在室内机出风口设置了导风

图 6.42　导风叶片

叶片（如图 6.42 所示）。导风叶片根据导风方向分为左右导风叶片和上下导风叶片，根据运转方式分为手动导风叶片和自动导风叶片。手动导风叶片可随意调节叶片位置；自动导风叶片由步进电机调节，可实现定向送风和连续扫射送风。

四、循环风道

循环风道分为室内机风道和室外机风道。

（1）室内机风道

室内空气经过室内机面框、过滤网、热交换器后，由风扇将其吸入并由导风叶片送往室内，经与室内空气换热后，再从室内机面框吸入，不断循环。

（2）室外机风道

室外空气从室外机后面左侧面，经热交换器换热后，由轴流风扇吸入并排出机外。

课后练习

单项选择题

1. 在风扇电动机和压缩机电动机电路中都有（　　），它为电动机提供启动力矩并减小运行电流和提高电动机的功率因数。

A. 电容器　　B. 电感器

C. 温度控制器　　D. 过载保护器

2. 如图 6.43 所示为（　　）电路接线图。

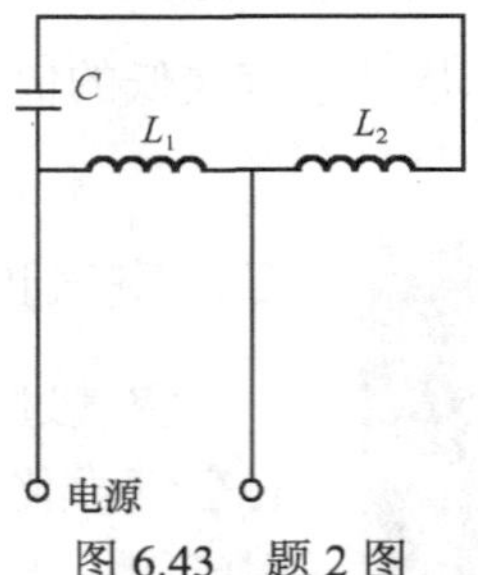

图 6.43　题 2 图

A. 单相单速电动机　　B. 单相双速电动机

C. 单相三速电动机　　D. 三相单速电动机

实训项目一　空调器系统零部件检测

分组进行空调器零部件拆卸，对组内所拆卸完成的空调器零部件进行整理归类，根据表 6.1 完成各零部件参数的测量，记录相关数据。

表 6.1　空调器各零部件参数

序号	项目	内容	数据	备注
1	压缩机	型号		
		相关阻值		
2	毛细管	直径		
		长度		
3	电磁四通阀	型号		
		阻值		
4	热保护器	型号		
		阻值		
5	室外风机	功率		
		相关阻值		
6	室内风机	功率		
		相关阻值		
7	压缩机电容	电容量		
8	室外风机电容	电容量		
9	百叶电机	额定电压		

实训项目二　分体式空调器拆装训练

一、空调器分配

对班内学生进行分组，给每小组分配 1 台分体式空调器，记录在表 6.2 中，发放使用工具，让学生进行拆卸。

表 6.2　空调器和工具分配情况

组别	组长	空调型号	工　具
第一组			焊炬、活扳手、呆扳手、改锥、游标卡尺、盒尺、钢板尺等工具
第二组			焊炬、活扳手、呆扳手、改锥、游标卡尺、盒尺、钢板尺等工具
第三组			焊炬、活扳手、呆扳手、改锥、游标卡尺、盒尺、钢板尺等工具
第四组			焊炬、活扳手、呆扳手、改锥、游标卡尺、盒尺、钢板尺等工具
第五组			焊炬、活扳手、呆扳手、改锥、游标卡尺、盒尺、钢板尺等工具
……			焊炬、活扳手、呆扳手、改锥、游标卡尺、盒尺、钢板尺等工具

二、拆卸分体式空调器

观察分体式空调器的组成形式，讨论拆卸步骤，进行拆卸操作，根据拆卸情况与实际操作步骤填写表 6.3。

表 6.3　分体式空调器拆卸步骤

所拆卸的空调器型号为________________，所用制冷剂为____________。

序号	拆卸内容	使用工具	拆卸方法（步骤）	备注
1				
2				
3				
4				
…				

注：根据本组拆卸步骤进行填写。

三、组装分体式空调器

根据空调器拆卸的情况，每组同学将所拆卸的空调器进行组装，组装结束后总结操作过程，填写表 6.4。

表 6.4　分体式空调器组装步骤

所安装的空调器型号为________________，所用制冷剂为____________。

序号	组装内容	使用工具	组装方法（步骤）	备注
1				
2				
3				
4				
…				

注：根据本组拆卸步骤进行填写。

学习单元七

空调器的维修操作

家用空调器一般采用压缩式制冷，即通过压缩机改变制冷剂气体压力，使制冷剂在制冷系统管道中流动，因为制冷剂在不同压力状态下的沸点不同，通过制冷剂状态的改变从而引起对环境的吸放热变化，达到将室内外热量进行转移的目的。通过本单元的学习，要掌握以下内容：

1．空调器检漏、抽真空和充注制冷剂的方法。
2．家用空调器安装和移机的方法。
3．空调器的故障分析和处理。

项目一　空调器系统检漏

任务书

- 了解空调器检漏的原理。
- 掌握空调器的检漏方法。

对于分体式空调器来说，由于制冷系统管路比较长，并且室内外机之间用阀门进行连接等原因，系统出现漏点的可能性比较大。如果发现一台空调器出现制冷剂泄漏的情况，我们首先要想到的是找到漏点。如果我们采用充氮气检漏的方法，不同空调系统的保压压力是有不同的要求。我们将氮气瓶、修理阀和空调器外机上的阀门相连接，连接方法如图 7.1 所示，采用高压和低压同时充氮气的方法充入氮气，检漏的具体操作方法和电冰箱检漏方法相类似，在这里就不特别介绍了。

图 7.1　空调器系统保压连接图

项目二　空调器系统抽真空

任务书

- 了解空调器抽真空的原理和意义。
- 掌握空调器的抽真空方法。

空调系统的抽真空方法与电冰箱制冷系统类似，但是值得注意的是，由于大部分空调器采用的节流装置是膨胀阀而非电冰箱的毛细管，当制冷系统断电之后，不同类型的膨胀阀开度不一样，如果断电后膨胀阀完全关闭，那么低压单侧抽真空和二次抽真空的方法就不能抽出高压部分的气体。在空调系统中，我们可以采用高低压双侧抽真空的方法，同时对系统高低压部分进行抽真空。空调系统抽真空连接图如图 7.2 所示。

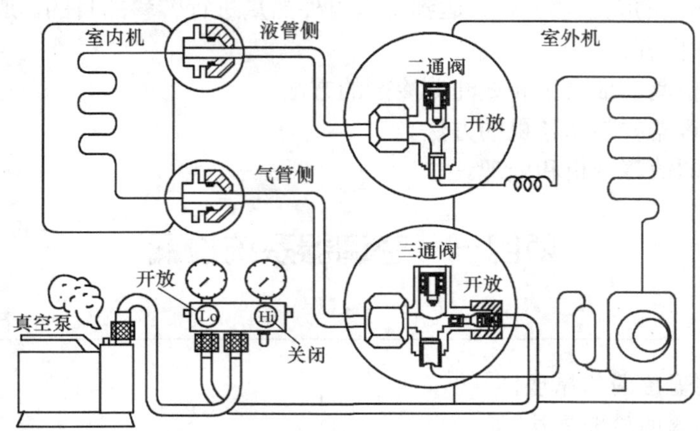

图 7.2　空调系统抽真空连接图

项目三　空调器系统充注制冷剂

任务书

- 了解空调器中各种制冷剂的特点。
- 掌握空调器的充注制冷剂的方法。

相对于电冰箱来说，空调器更加容易产生制冷剂泄漏的问题。对于不同的制冷剂系统，由于制冷剂的成分性质不同，所以选择的充注方法也不尽相同。对于单质的制冷剂，加注要求不多，我们可以根据情况采用制冷剂液态加注或者是气态加注的方法。对于成分比较复杂的制冷剂，由于不同成分的沸点不同，制冷剂一旦泄漏，我们很难控制各个成分的比例，因此只能采用液态加注的方法，在加注前要将系统中剩余的制冷剂全部回收，如图 7.3 所示。

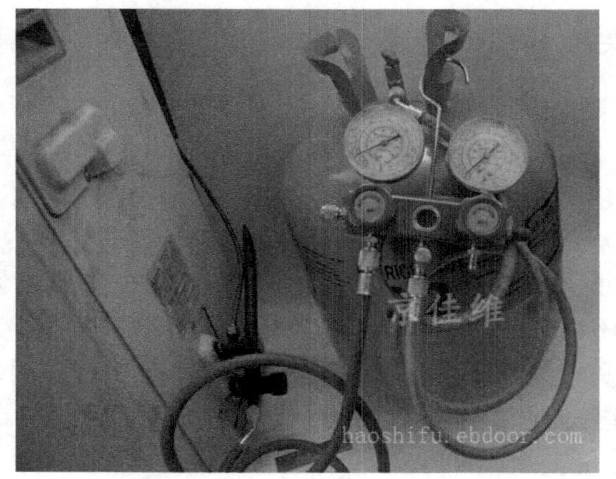

图 7.3　空调系统充注制冷剂

项目四　空调器安装及移机

任务书

- 掌握分体式空调器安装注意事项。
- 掌握分体式空调器的安装步骤及相关技巧。
- 掌握分体式空调器的移机方法及技巧。

空调器的安装涉及两个方面：一是为了保证空调器的安全运行，充分发挥空调器的制冷（制热）能力和延长空调器的使用寿命；二是要降低空调器运行期间对他人和周边环境的不良影响。因此，国家制定了《国家标准房间空气调节器安装规范》（GB17790—1999），其中规定了用户安装空调器时所涉及的人身、财产安全，周围环境和实现房间空气调节器预定功能及安装人员资格确认等要求。需要注意的是，空调器无论是新装、还是拆下检修后重装，都必须进行正确的安装操作。

一、空调器安装的总体要求

1. 空调器运行条件要求

在选择空调器安装位置时应注意：尽量避开自然条件恶劣的地方；空调器的安装面应坚固结实，具有足够的承载能力；室内机的安装位置要满足气流循环要求；室外机安装时要保证通风良好；尽量缩短室内机和室外机连接的长度；避开人工强电、磁场直接作用的地方。

由于空调器属于家用电器中功率比较大的用电器，要求电气连接一般应使用专用分支电路，其容量应大于空调器最大电流值的 1.5 倍，并可靠接地，因此在家庭中如果要使用埋线法设计家庭电路，就要提前确定空调器的位置，以便于安装。

2. 与空调器相关的人身、环境安全

空调器在安装时要充分考虑到对他人、建筑物和环境的影响，在国家规范中，对此有严格的要求。例如，空调器应安装在儿童不易触及的地方；室外机组安装架承载能力至少不低于180kg；建筑物内部的过道、楼梯、出口等公用地方不应安装空调器的室外机；空调器的室外机组不应占用公共人行道，沿道路两侧建筑物安装的空调器其安装架底部距地面的距离应大于2.5m；空调器的室外机应尽可能远离相邻的门窗和绿色植物，与对方门窗距离不得小于3m 等。具体可以参照《国家标准房间空气调节器安装规范》（GB17790—1999）及一些空调企业或家电协会标准，如中国家用电器维修协会于2006年3月制定的《房间空气调节器安装质量检验规范（试行版）》。

二、安装前的准备工作

现在家庭使用的空调器仍以分体壁挂式为主，这里以分体壁挂式空调器为例，进行空调器的安装讲解。

1）检查安装工具是否齐全。

- 一字、十字头螺丝刀、剥线钳、绝缘胶布；
- 卷尺、水平仪、内六角扳手、力矩扳手；
- 冲击钻、锤子、钢钎、电锤或水钻、钻头应与安装机型匹配；
- 割管器、喇叭口扩管器、铰刀、锉刀（平锉）；
- 电笔、温度计、压力表、钳子、钳型万用表。

2）检查用户的电源和相关的电路设施是否符合空调器的使用要求。

3）检查用户的房间环境是否符合空调器的安装和使用要求。

4）检查空调器是否完好，随机的文件、附件是否齐全。

5）检查用户所购买的空调器与房间的使用面积是否配套。

6）仔细阅读安装说明，看是否有特殊的安装要求。

三、空调器安装步骤

1. 安装准备

安装前的准备工作如下：

1）安装人员应备齐空调器安装工具和必要的合格的检验仪器。

2）检查空调器是否完好，随机文件和附件是否齐全。

3）仔细阅读安装、使用说明书（产品说明书），了解待装空调器的功能、使用方法、安装要求及安装方法。

4）检查用户的电源、电压、频率、电表容量、接地情况、导线规格、插座、熔断器、保护开关、漏电保护器等是否能满足待装空调器的要求。

5）协助用户选定空调器的安装位置，询问用户安装空调器是否已取得物业管理、房产管理或市政管理部门的同意。

6）检查安装位置、安装面和安装架是否符合待装空调器的安装和使用要求、安全

要求及环境保护要求等。

2. 安装操作

安装操作的步骤如下：

1）空调器的安装应使用随机附件，安装人员不应随便更换、省略与改制；如需安装人员现场配制，则应按照本规范和安装说明书的要求操作，必要时需经专业技术人员审核批准，检验合格后方可使用。

2）根据空调器的具体形状选择合理的安装方法，并将安装架与安装面牢固连接。施工时应注意不得破坏建筑物的安全保证结构，必要时采取相应措施保证自身和他人不受危害。

3）按照空调器的安装说明书将空调器机械固定，安装后的空调器应安全、稳固并通风良好。

4）对于分体式空调器应严格按照本规范和安装说明书的要求正确进行管、线连接和固定，不得擅自更改电源线及其接线端子，安装后必须将电气部件盖板固定良好。管、线通过建筑物墙壁时应由穿墙管保护并施以防漏雨、防水和防漏电措施。管路连接时不应带入水分、空气和尘土等杂物，并将连接管中空气排出后紧固，确保管路干燥、清洁、密封良好。注意：分体式空调器不允许在雨天和风雪天进行安装，除非已采取充分的措施来确保安装工作不受其影响。

5）合理地安装、布置空调器排水弯头和排水管，确保空调器不滴水，其冷凝水排出应通畅且排水对建筑物不造成危害。

6）正确地进行管线包扎，并妥善固定在合适的位置。

3. 检查及试运行

空调器安装完毕后，应检查安装工作情况，特别要注意：

1）管线连接、走向应合理。

2）电气配管应安全、正确。

3）机械连接应牢固、可靠。

4）使用功能应良好实现。

空调器应按照使用说明书的要求进行试运行，试运行时间不应少于30min。空调器运行稳定后应按产品说明书检查是否实现良好使用功能，必要时可检测空调器送、回风温度和运行电流及制冷系统压缩机是否运行正常。

检验的具体内容和规范应满足国家相关的规定，例如：

1）机械强度试验。承载安装件在定型、批量生产前应进行承重试验。将安装架固定在模拟的安装面上，按空调器的正常使用状态用紧固件或等效方法将其固定在安装架上，并按最不利受力位置和方向加载，承载安装架不应滑移、松动和弯折。

2）防锈试验。空调器的安装架、紧固件及可能对安全、环保等产生不利影响的护栏、挡板等金属制件，按 GB/T7725—1996 中 6.3.20-6.3.21 进行表面涂层湿热试验和涂漆件漆膜附着力的试验。取样大小可根据标准要求或实际情况按比例选取式样。电镀件按 GB/T7725—1996 中 6.3.19 的要求进行试验。

3）电气安全检验包括以下几种。

• 绝缘电阻检验，空调器室内室外机组固定并进行管线连接后，应按 GB4706.32—1996 第 16 章进行绝缘电阻的测量。

• 接地检查，安装人员通过视检和使用有效或专用接地测量装置（接地电阻仪等），对安装固定好的空调器和用户电源的接地进行检查，并对其接地可靠性进行判定。

• 漏电检查，空调器安装后进行试运行，安装人员可用试电笔或用万用表等仪表对其外壳等可能漏电部位进行检查，若有漏电现象应立即停机并进一步进行检查和判断故障原因，如确属安装问题应解决后再次进行试运行，直至空调器安全、正常运行。

4）制冷剂泄漏检测。根据空调器的泄漏可疑点，如分体机内、外机组连接的四个接口和二、三通阀的阀芯等处，可用下述方法进行现场检查。

• 泡沫法：将肥皂水或泡沫剂均匀地涂在或喷在可能发生泄漏的地方，仔细观察有无气泡出现。

• 仪器检漏法：按检漏仪（如卤素检漏仪）说明书要求，将仪器探头对准泄漏可疑部位仔细进行检查。

5）运行检查。空调器运行稳定后，在距室内侧出风口 5～15cm 处用温度检测仪的感温头测量空调器的出风和回风温度，用钳形电流表等测量空调器电源线进线部分的电流值。必要时，制冷系统高、低压侧安装压力表，观察压力的变化并记录压力数值。

4. 空调器安装完成

空调器安装完成并试运行无误后，安装人员应认真填写安装凭证单，经用户确认并由用户和安装人员签字备案；并向用户介绍和讲解空调器的使用、维护、保养的必要知识，向用户说明用户所具有的权利和责任。

选择安装位置

室内机安装要求

1）原则：要考虑家具与房间的进出口位置，选择有利于室内空气循环的场所。

2）室内机安装对水平位置要求：应尽量选择墙面短的一侧中央为最适合。

3）室内安装对垂直位置的要求：垂直高度不低于 2m。但要根据房间室内结构的实际情况，灵活调整。

4）室内机安装位置最基本的要求：左右两侧不小于 15cm，上侧不小于 15～20cm，下侧不小于 200cm。

室外机安装要求

1）室外机安装空间位置的最基本要求：左边≥30cm，右边≥50cm，后面≥30cm，上面≥50cm，前面≥200cm。

2）室外机的位置必须符合的要求：

① 排风产生的噪声和气流不影响到邻居的地方。

② 有良好的通风的地方，保证室外机有良好的通风。

③ 室外机附近不能有阻碍机组进风、出风的障碍物。

④ 安装位置应能承受室外机重量和振动，以免噪声及振动传播放大，并能使安装工作安全进行。

（1）设备安装

1）室内机安装板的安装。

2）打过墙孔。

3）室内机与配管的连接。

4）包扎连接管、线。

5）固定室外机。

（2）排空气检查

排空气是利用储存在室外机中的制冷剂进入室内机，将室内机中的空气排除。

1）用扳手从二、三通阀及三通阀辅助口（工艺口）上拆下阀帽。

2）用内六角扳手将二通阀的阀杆沿逆时针方向转动 1/4 圈。

3）用内六角扳手顶住三通阀辅助口的阀芯，能听到“嘶嘶”的冒气声。

4）当手明显的感觉喷出的气体有凉感时，用内六角扳手沿逆时针方向转动二、三通阀的阀杆（即打开阀门），直到转不动为止。

5）将所有的阀帽加冷冻油（防止泄漏）后拧紧。

6）用肥皂水或检漏仪对各接口及二、三通阀检漏，检漏时每处停留不得少于 3min。

（3）释放制冷剂

1）用内六角扳手缓慢打开室外机的气阀和液阀。

2）待制冷剂平衡分布于系统中时，开启空调器。

（4）通电试机

1）通电试机，用遥控器检测遥控功能是否正常，各模式、功能转换是否正常。

2）听室内、外机是否有明显噪声，检查机器是否有抖动。

3）若将空调器设置在“制冷”状态，室内机应有冷气吹出。

4）空调器运行稳定后，用数字温度计的感温头测量空调器的出风口温度和回风温度，温差应达到 8℃左右。

5）检查室内机出风口处是否有异常气味。

6）看开关板及各指示灯是否正常。

7）电气配置应安全、可靠，检查有无漏电现象。

四、空调器的移机

旧机的拆卸

（1）制冷剂回收　制冷剂回收（俗称收氟）是将室内机中的制冷剂回收到室外机中存储，这是移机特有的操作。

制冷剂回收操作方法：

1）将二、三通阀门的阀帽打开，启动空调器 10～15min，停止运转并等待 3min。

2）然后将复合修理阀接至气体截止阀（三通阀）的工艺管口，打开复合修理阀的低压阀，将充气管中的空气排出，将液体截止阀调至关闭的位置。

3）将空调器在冷气循环方式下运转，当表压为 0MPa 时，使空调器停止运转，迅速将气体截止阀调至关闭位置。

4）卸下充气管，安装好液体截止阀和气体截止阀的阀帽和工艺管口帽。此时制冷剂回收完成。

（2）拆除设备及连线

1）拆除配管及电源线、信号线与室外机组的连接，将配管喇叭口及截止阀连接口用堵头或干净的塑料袋包扎严实。

2）对于壁挂式空调器，将室内机组从挂板上取下，连同配管一起拆下。然后将配管及电源、信号线与室内机拆开。对于落地式空调器，可打开室内机组面板，直接将配管及电源连接线拆除。将拆下的配管喇叭口及室内机组连接管的连接口用堵头或塑料袋包扎，以防灰尘等异物进入管路。

（3）重新安装空调器

重新安装时要注意以下几点：

1）在连接管路前要先查看管子是否有弯瘪现象。若瘪的不严重，可用胀管器撑起。弯瘪严重的，必须用割刀切去弯瘪处，重新焊接好，否则会出现二次节流故障，造成制冷效果下降。

2）检查喇叭口是否有裂纹，有裂纹必须重新做喇叭口。

3）检查控制线是否有短路、断路现象。

4）验明系统确实无泄漏后，旋紧阀门保护帽。

项目五　空调器维修案例

任务书

- 了解空调器中不同系统故障及维修要点。
- 分析空调器实际故障现象，灵活运用所学知识解决实际问题。

一、电气控制系统维修案例

案例 1：晶闸管损坏、室内机噪声

故障现象：关机后，室内风机慢慢转动，开机后发出刺耳噪声。

原因分析：根据用户反映及现象分析，初步判断为室内电机供电故障，检查室内风机供电电压，关机状态下电机上有 100V 电压，关机后室内电机仍缓慢连续运行，室内电机发热使塑料的电机架遇热变形，塑封电机位置偏移，这样则导致贯流风叶要与底盘相碰，发出难听的噪声，而且有一股烧焦的味道。由此判定为风机控制晶闸管损坏。

解决措施：换主控板。

经验总结：分体挂机室内机风机转速是由晶闸管来控制的，当电源电压较低或波动较大时，会造成晶闸管单相击穿，停机时室内风机仍有电压，电机仍会慢转。由于晶闸

管为单相击穿，电机供电电源为非正弦波形，电机运转不平稳，噪声较大。

案例 2：室内风机关机后室内风机不停或未开机风机就运行

故障现象：关机后，室内风机不停或未开机风机就运行。

原因分析：根据用户反映故障现象，通电即发现室内风机运行，用遥控器关机后，室内风机仍在运行，初步判断为室内风机供电故障。检查室内风机供电电压，通电状态或关机状态下电机上有 158V 电压输出，因此通电后室内风机就运行，由此判定为风机控制晶闸管损坏。

解决措施：更换同型号控制器后试机正常。

经验总结：分体挂机室内机风机转速是由晶闸管来控制的，当电源电压较低或波动较大时，会造成晶闸管单相击穿，停机或关机时室内风机仍有电压，室内风机不能关闭。

案例 3：遥控器接收器坏

故障现象：遥控不开机。

原因分析：检查遥控器，用遥控器对准室内机，按遥控器上的任何键，室内机均有反映，说明遥控器属正常，故障在室内机主控板或者遥控接收器上。打开室内机外盖，检查 220V 输入电源及 12V 与 5V 电压均正常，手动启动空调器，空调器能正常启动运转，说明主控板无问题，故障部位在遥控接收器元器件上。经检查，发现原因在于控制器接收回路上瓷片电容（103Z/50v）绝缘电阻偏小，只有几 kΩ，质量好的瓷片电容绝缘电阻应该在 10000MΩ 以上，这说明是由于漏电电流偏大而引起的遥控接收器不接收遥控信号。

解决措施：将 103 电容直接剪除或更换显示板后，空调器一直运转正常。

经验总结：造成不接收遥控信号的原因很多，除上述电容漏电外，元器件虚焊也会造成不接收，另外空调器使用环境对遥控接收影响很大。当环境湿度高时，冷凝水在遥控显示板背部焊接点凝结，线路板发霉，绝缘性能下降，焊点之间有漏电导致遥控不开机或遥控器失灵。清洁线路板，用吹风机干燥处理后，在遥控显示板背部焊接一层玻璃胶，遥控能够正常接收。用收音机 AM 档可检测遥控器是否发射信号，如手动开机后空调器运行正常，可以排除是主控板故障，由此可确定问题出在接收器，维修时不能简单地更换配件，尤其是短期内重复维修时，应仔细分析一下配件损坏的原因。

案例 4：温度传感器故障

故障现象：空调器制热效果差，风速始终很低。

原因分析：上门检查，开机制热，风速很低，出风口很热，转换空调模式，在制冷和送风模式下风速可高、低调整，高、低风速明显，证明风扇电机正常，怀疑室内管温传感器特性改变。

解决措施：更换室内管温传感器后试机一切正常。

经验总经：空调制热时，由于有防冷风功能，室内管温传感器室内换热器达到 25℃以上时室内风机以微风工作，温度达到 38℃以上时以设定风速工作。首先观察发现风速低，且出风温度高，故检查风机是否正常，当判定风速正常后，分析可能是传感器检查温度不正确，造成室内风机不能以设定风速运转，故更换传感器。

温度传感器故障在空调故障中占有比较大的比例，要准确判断首先要了解其功能，空调器控制部分共设有三个温度传感器。

1）室温传感器：主要检测室内温度，当室内温度达到设定要求时，控制室内外机的运行，制冷时室外机停，室内机继续运行，制热时室内机吹余热后停。

2）室内管温传感器：主要检测室内蒸发器的盘管温度，在制热时起防冷风、防过热保护、温度自动控制作用。刚开机盘管温度如未达到25℃，室内风机不运行，达到25℃以上38℃以下时室内风机以微风工作，温度达到38℃以上时以设定风速工作。当室内盘管温度达到57℃持续10s时，停止室外风机运行，当温度超过62℃持续10s时，压缩机也停止运行，只有等温度下降到52℃时室外机才投入运行，因此当盘管阻值比正常值偏大时，室内机可能不能启动或一直以低风速运行，当盘管阻值偏小时，室外机频繁停机，室内机吹凉风。在制冷时起防冻结保护作用，当室内盘管温度低于－2℃连续2min时，室外机停止运行，当室内盘管温度上升到7℃时或压缩机停止工作超过6min时，室外机继续运行，因此当盘管阻值偏大时，室外机可能停止运行，室内机吹自然风，出现不制冷故障。

3）室外化霜温度传感器：主要检测室外冷凝器盘管温度，当室外盘管温度低于－6℃连续2min时，室内机转为化霜状态，当室外盘管传感器阻值偏大时，室内机不能正常工作。

案例5：空调器不制冷、通讯故障

故障现象：室内机“运行”灯闪（其余灯灭），室内外机不工作。

原因分析：根据用户反映的情况，开机工作正常，未出现用户反映的情况，但大约30min后，室内外机停止工作，控制面板上运行灯闪烁，按任何键空调器都没反应，拔掉电源重新试机，机器能正常工作，但30min后又出现同样故障。因停机之前空调器制冷正常，因此系统上不会存在问题，初步判断为外界信号问题。从产品说明书提供的故障显示代码上也可以断定是通讯故障，测量内外机信号连接线正常，因此属于外界信号干扰问题。

解决措施：在电脑板信号线间并联上103瓷片电容，或者更换华发生产的抗干扰C3Y电脑板后故障消除。

经验总结：在维修时，要善于观察故障时面板的指示状态，根据产品说明书提供的故障代码快速找到故障原因。若室外管温传感器故障或内外机信号连接线断路，无数码显示功能的“定时指示灯”闪1次/s，如有数码显示功能则会显示E2代码，三相A系列“温度灯”闪，其余指示灯全灭。

案例6：外界信号干扰

故障现象：工作时无规律自动停机，并伴有蜂鸣器异常连续叫声。

原因分析：检查遥控器正常，应急正常，说明电源供电，主板正常，测量室内机各

传感器正常。据用户反映，同时购买同型号的两台空调，一台正常，另一台有故障，怀疑有干扰源存在，发现有故障机器的房间装有电子整流式的节能灯，每当关掉灯后，机器正常。打开灯后，测量接收头信号输入端有2V的交流电，关掉灯后，遥控器不操作时测量电压为0V机器正常。

解决措施：用户更换其他品牌的电子整流日光灯后，机器正常。

经验总结：电子式整流日光灯产生的频率、波形叠加到遥控发射的红外波形上，引起机器接收不正常，产生频率干扰源。在维修此类故障前，应仔细询问用户的使用情况以及实地观察机器使用的外部环境。空调信号干扰源分为电源质量差的电磁干扰、频率干扰和红外线干扰，此故障属于前者。在处理时，可在遥控接收头前增加一块透明的深色滤光挡板，或在接收板线束上增加一个磁环，也可更换更改后的控制器。

案例7：电源相序保护

故障现象：开机时“定时”灯和“运行”灯同时闪，系统停机。

原因分析：根据故障代码判定为室外机保护，强制运转压缩机，能正常工作，检查压力开关等都正常，电源也正常，初步断定为相序检测保护。换相序后开机，压缩机突然反转，于是证实是属于相序检测板故障。

解决措施：更换室外机检测板后空调运行正常。

经验总结：根据故障代码，逐个排除，维修人员要有一定的电路维修经验，检测故障时应遵循由简到繁，避免走弯路（根据以上所述，调整相序后，开机压缩机反转，此时只需调整压缩机接线，使压缩机正转，问题即可解决），A系列采用三相电源，在安装时安装人员有时将相线与零线接反也会造成压缩机不启动，在维修时要特别注意。

案例8：FS、DS控制面板按键失灵

故障现象：控制面板按键失灵，遥控器可以操作。

原因分析：因遥控操作能够接收，因此可以排除是主电脑板问题，经查为常州弘都电子有限公司生产的显示板上按键扫描用的D1～D12二极管使用了低频二极管IN4007，而主程序对于按键的处理为高频，使个别的控制面板与其本身的主板不兼容，在按键操作时主程序不能正确的响应按键发出的信号，导致按键操作失灵。

解决措施：发现此类故障时，可以用常州弘都电子有限公司于2004年2月以后生产的控制面板进行更换或者用其他公司与之配套的控制面板更换，也可将控制面板上的D1～D12二极管更换为IN4148高频管。

经验总结：除DS存在按键失灵外，FS（Y）温度调节按钮也可能失灵，这是由于显示面板设计时考虑到按键手感，留的间隙较小，塑胶分厂塑料面板按键变形，与中面板间隙太小造成操作失灵，遇到此种故障只需更换同型号控制面板。

案例9：压缩机低压不起动

故障现象：开机后，室外机压缩机不启动。

原因分析：开机后室内机工作正常，控制器外机压缩机电压输出正常，测量压缩机电容正常，因此为压缩机问题。测量压缩机各绕组，阻值正常，当测量用户电压时，发现电压只有198V，但在设计标准范围之内，故障应为压缩机（48D129）启动性能差。

解决措施：更换一只35UF压缩机专用电容，并在压缩机电容上并联一只辅助启动器，空调器开启正常，不需更换压缩机。

案例10：压缩机电容、风机电容击穿短路

故障现象：制冷时，压缩机一启动，空气开关跳闸。

原因分析：该空调器开机制冷运行，压缩机一启动即跳闸，室内机单独运行正常，因此判断故障在室外机。打开室外机机壳检查电源线L、N线两端电阻为∞，确定两线无短路或对地短路现象，然后逐一检查室外机各元器件，当检查到压缩机电容时，发现该电容击穿短路。

解决措施：更换压缩机电容，试机正常。

经验总结：空调压缩机启动即跳闸的情况，首先应检查电源L和N线是否短路，再确认是室内机还是室外机问题，继续检查室内、外机元器件是否存在短路现象。

二、空调制冷系统维修案例

制冷系统故障是我们维修当中常见的故障，故障现象也是五花八门、千奇百怪，但还是有规律可循。这里介绍的是空调制冷系统故障的检查步骤，虽不是必须的，但是维修时应按此思路进行检修。

（1）观察室内外机的工作情况

如检查指示灯板的显示情况，室内机是否工作，风速输出是否正常，室外机风扇、压缩机是否运行，从而判断是电器问题还是系统问题导致的不制冷。

（2）检测空调器各项数据

1）空调器流水情况。一般情况下室内机排水连续，空调制冷系统基本正常，但受环境湿度、温度影响只能作为一个参考值。

2）进出风口温差。正常的进出风温差应在12～14℃，但也会受环境温度、风速的影响。

3）测量系统管路压力值。一般制冷时低压压力在0.45～0.50MPa，制热时高压压力在1.8～2.2MPa之间，但压力要受环境温度影响，空调进风温度越高，排气压力越高，冷凝温度越高，反之则小；空调负荷越大，吸气压力越高，蒸发温度升高（蒸发器正常蒸发温度在5～7℃之间）。

制冷系统故障类型有很多种，主要注意以下几个方面：

（1）制冷系统堵

常常发生在毛细管及干燥过滤器处，因为这两个地方是系统中最狭窄的地方，常见的堵塞原因有三种：脏堵、冰堵及焊堵。

1）脏堵一般发生在毛细管的进口处，是因系统内的污物（如焊渣、锈屑、氧化皮等）堵塞了管路，检查时轻轻敲击毛细管处可能会暂时恢复正常。另从管路和元件表面

凝露、结霜以及停机时压力恢复速度时间等都可以对堵塞的位置及性质做出判断。

2）冰堵一般发生在毛细管的出口处，是因系统含有水分，在毛细管出口处突然汽化降温而凝结成小冰粒堵塞在毛细管的出口处。可在毛细管出口处用焊枪加热，如果故障恢复或好转说明是冰堵，或是在空调器关机后再开机，机器又能制冷一段时间，说明是冰堵，冰堵一般发生在新装机或刚维修过的空调器上。

3）焊堵一般也是发生在毛细管的焊接处，现象与脏堵、冰堵差不多，多发生在新装机上。

（2）制冷系统漏

空调器制冷制热的载体是制冷剂，如系统出现漏点，制冷剂泄漏则空调器制冷差或完全不制冷。而空调器出现泄漏的地方主要集中在各焊接头、毛细管焊接处、压缩机吸排气管、喇叭口、连接管等处，检查时可先进行目测，重点检查连接管各接头处，泄漏处一般都有油迹。

（3）四通阀故障

四通阀故障通常发生在制热时，四通阀吸合不好、串气或卡死，引起制热性能差。在判断时可以通过仔细听四通阀通断电时的声音，看先导阀是否动作，进行故障判断。在维修时可通过反复给四通阀通电或轻轻敲打四通阀使其复位。

（4）单向阀故障

单向阀在制冷时直接导通，但在制热时制冷剂要通过辅助毛细管，当单向阀密封不严或是辅助毛细管堵塞时，制热受影响，因此如果空调器制冷正常但制热差时，在排除四通阀问题后要重点检查单向阀。

案例 1：室外机毛细管冰堵

故障现象：不制冷。

原因分析：上门检查空调器在刚开机时制冷正常，约 25min 后空调器压力、电流降低，用户反映此空调器曾换过压缩机，因此排除压缩机本身故障。由于开机 25min 内制冷基本正常，因此初步分析可能为系统脏堵或冰堵，打开室外机顶板，观察发现毛细管出口处结霜，用打火机烤结霜处，压力、电流恢复正常，判断为系统冰堵，后经了解为更换压缩机时正好下雨，有水分进入系统。

解决措施：将制冷剂回收到室外机，在室外机低压管处加装干燥过滤器，重新排空开机运行，直至冰堵完全消除，拆掉干燥过滤器，开机制冷效果正常。

经验总结：维修人员在对系统进行维修时要避免系统进水，否则容易形成冰堵。在判断是冰堵还是脏堵时可以观察室外机毛细管处，若结霜的位置是从毛细管进口处开始，则为脏堵；若是从毛细管出口处开始则为冰堵。

案例 2：室外机毛细管脏堵

故障现象：制冷效果差。

原因分析：上门开机检查，机器能正常运转，检查室内机过滤网及换热器和室外机换热器都比较干净，不会影响到制冷效果。查室内外风机电容及各项参数正常，测电压为220V、电流为13.5A、低压压力为0.4MPa、无加长管线，室外机压缩机运转也正常，表面看来也未发现节流现象。机器大约运转20min后，再次测量电流及压力，发现电流为15A、系统压力为0.3MPa，制冷效果变差。根据测量数据分析系统有堵或有节流的地方，检查室内外机之间连接管并无问题，不存在节流现象，考虑节流装置（毛细管）位于室外机，因此着重检查室外机毛细管，观察发现连接分配器的毛细管有两组略结霜，由此可以判断是该组毛细管问题。将该分配器与毛细管焊开，发现分配器内部过滤网已经被油泥及异物堵住，但未堵死，从而导致该组毛细管的流量不足而引起节流、结霜。

解决措施：将该机器分配器更换新件后，系统进行氮气清洗、抽真空、充氟后整机试运行，效果良好。

经验总结：对于一些反映制冷性能较差的机器，应综合考虑，但应有清晰的处理思路，由主到次、由表及里、由外到内逐步查找，一般要考虑以下情况。

1）考虑机器是否正常工作。

2）室内外机散热情况如何，考虑使用场所有无影响。

3）考虑室内外风机转速影响散热。

4）测量各项参数是否正常，从而分析原因。

5）机器有无管线加长，考虑加长管线对机器性能的影响。

6）室外机压缩机有无偷停现象，考虑间歇工作的影响。

7）系统有无节流，考虑冷媒流量对制冷性能的影响。

案例3：室内机蒸发器分液毛细管堵

故障现象：制冷效果差。

原因分析：此机为新装机，两器干净，室内外机通风正常，检查用户电源正常、内机出风正常，检测室内机进出风口温差偏小，观察室外机连接管处，发现低压管处结霜，因此判断系统氟利昂过多，放掉部分氟利昂后效果更差。因此分析系统存在截流，打开室内机面板，触摸蒸发器，发现蒸发器上下部分温差明显偏高，再用手触摸室内机蒸发器分液毛细管，发现下两路毛细管只有微冷并有轻微结霜，因此判断为此两路毛细管堵。

解决措施：焊下此两路毛细管，发现毛细管口处有焊液将毛细管出口处阻塞，更换毛细管后试机正常。

经验总结：根据故障表面现象，很容易误认为系统多氟，分析此类现象时，首先应看室内机风量是否正常。如正常，再查看管路是否二次节流，仔细分析故障现象，最终判断是什么故障。

案例4：室外机过滤器脏堵

故障现象：不制冷，室外机启停频繁。

原因分析：不制冷，室外机启停频繁，室内机能正常遥控运行，但室外机在3min左右启停，且3min内出风不冷，由此初步判断为制冷系统故障，用压力表测试低压侧压力，

由于停机时平衡压力为 1.1MPa，启动后逐渐降到 0.1MPa，停机后逐渐返回平衡压力，且在室外机运行时发现从过滤器开始到毛细管到高压管全部结霜，由此可以断定为过滤器脏堵。

解决措施：更换新过滤器后，试机一切正常。

经验总结：对于室外机启动频繁的故障，首先确认是电路故障还是制冷系统故障。一般过滤器堵会出现以下现象：毛细管出口结霜，蒸发器局部也会结霜，检测低压压力低于正常值，高压压力略低于正常压力，停机平衡压力接近环境温度下的饱和压力，压缩机排气温度及机壳温度升高。遇到电流偏大，跳停现象不一定就是压缩机故障，要综合考虑故障现象，一般空调器维修时要检查电流及维修压力，电流大、压力低是系统堵，应着重检查过滤器及毛细管。

案例 5：蒸发器连接管漏

故障现象：不制冷。

原因分析：用户反映不制冷，经检查室内外机都运转，排除有接触不良现象，在检测运行压力时发现室外机运行压力为负压，检测室内外机管子接头处无漏氟现象，室内机蒸发器及室外机都未发现漏点，当拆下室内机检查时，发现蒸发器连接管保护弹簧处有一裂逢。

解决措施：补焊后再次打压无漏点，抽真空定量加氟后工作正常。

经验总结：对于一些漏点在室内外机上都很难找到时，要特别注意蒸发器连接管处，此处十分隐蔽，往往很难发现。

案例 6：连接管喇叭口裂

故障现象：制冷、制热效果差。

原因分析：开机制冷运行整机都工作，室内机出风正常，两器也很干净，但进出风口温差很小，运行 5min 左右，发现室内机蒸发器结霜，初步判断系统缺氟。检测低压压力只有 3kg，停机加氟检查室内外机及连接管接口发现低压连接口处有油迹。

解决措施：收氟后拧开接口发现有一细小裂纹，重做喇叭口，高压检漏无漏点，抽真空、加氟试机正常。

经验总结：检查故障一定要思维敏捷、视野开阔，没有条件时依照原理创造条件，认真仔细地分段逐个排除，直到问题真正解决。

案例 7：连接管铜帽裂

故障现象：制冷效果差，室内机结冰。

原因分析：测试室外机低压压力很低，蒸发器上结很厚的冰，回气管上也结霜，检查未发现管道有折扁现象。打到送风模式，化冰后测低压压力低于正常值，检漏发现，室内机连接管铜帽破裂。

解决措施：更换铜帽后抽真空、加氟。

经验总结：具体情况具体分析，一般根据结霜的部位、面积大小来分析故障的原因所在。一般情况下系统缺少氟，液管会结霜，蒸发器上半部会结很厚的冰。

案例 8：高压阀焊漏

故障现象：制冷效果不好且室内机漏水。

原因分析：检查空调器，整机工作、制冷效果不好。经检查发现室内机蒸发器结霜，怀疑系统缺氟，测试系统压力很低。检漏发现高压阀阀体连接管处漏，补焊、加氟试机正常。

经验总结：因空调器缺氟而结霜较多造成室内机漏水现象且制冷效果差，漏焊、缺氟是问题的根本所在。

案例 9：冷凝器分液头焊漏

故障现象：不制冷，“运行灯”和“18”灯同时闪烁，空调器不能开机。

原因分析：此机刚使用仅两天，用户反映整机出现不制冷故障，上门检查电压为 390V，平衡压力为 0MPa。据现象及数据分析系统无氟，整机低压保护，打开室外机机壳检查发现为冷凝器分液器焊接处有油迹，为焊裂，导致漏氟。

解决措施：重新补焊后，加氟正常。

经验总结：运行时压力为零，很快就可判断为系统氟漏完，应仔细检查漏点，一般漏点处有油迹，出现提示灯闪烁，维修起来事半功倍。

案例 10：冷凝器 U 型管焊漏

故障现象：不制冷。

原因分析：空调器使用不到一个月，反映制冷效果差。经上门检查，发现压缩机温度较高，电流偏小，只有 3A 左右，低压压力也只有 3kg，而外风机运行正常，怀疑空调制冷系统有堵、漏或压缩机吸排气能力差。将空调器拉回维修部，先进行氮气吹污、清洗，然后打压检漏，发现冷凝器下端“U”型端口焊接处微漏。

解决措施：补焊，抽真空，加制冷剂。

经验总结：空调器使用时间不长，制冷效果差，多数情况是制冷剂泄漏，维修时最好检漏。

三、空调噪声维修案例

空调噪声是我们维修当中最常见的故障，在维修过程中要注意分析产生的原因，从产生部位上可分为室内机噪声、室外机噪声；从声音类别上我们可以将噪声分为摩擦噪声、风声、气流声、电磁声等；从产生的原因上可分为装配工艺问题、结构设计问题、零部件质量问题、空调器安装问题等。在处理时要先区分声音类别、部位，再根据产生原因进行针对性处理。

（1）室内机常见噪声故障的原因

1）室内机中掉有杂物。

2）塑封电机串轴、同心度不好、固定螺钉松动。

3）贯流风叶同心度不好、风叶破损、左侧风叶轴套磨损。

4）塑壳面板松动，自锁开关松动。

5）导风电机、导风门（连接机构摩擦声）有异声。

6）有啸叫声（风叶的平衡性不好，有必要时换个风叶；或者是蒸发器本身故障25A型)。

7）室内机冷媒流动的气流声。

8）过滤网脏造成进风不畅。

（2）室外机常见噪声故障的原因

1）压缩机噪声大。

2）配管抖动碰到钣金件。

3）风叶有啸叫声（风叶破损)。

4）室外电机声音大。

5）室外风叶碰钣金件、冷凝器或出风网罩。

6）室外机共振声，特别是取消电机架的小外机。

7）室外出风网罩与室外机钣金件相碰撞。

8）室外机电机架松动。

9）安装支架松动。

10）室外机安装位置不对。

（3）判断噪声部位的方法

判断噪声产生的部位最常用的是排除法，当不能确定为何部件发出噪声时，如不能确定是压缩机还是室外电机噪声时，可先断开压缩机听室外电机是否有噪声，如没有则可以断定为压缩机噪声。

案例1：内机风叶轴与橡胶座摩擦

故障现象：室内机噪声大。

原因分析：室内机运转时不定时发出“吱吱吱”地叫声，无论制冷、送风运转模式，故障现象相同，在开关机时噪声特别明显。将面板、面框拆下，故障现象依旧，声音从左侧轴承处产生。维修人员开始判断是左侧风叶轴承套问题，但更换轴承套后仍有噪声。后经检查发现是贯流风叶安装太靠左，风叶轴顶住了轴承橡胶座，运行时摩擦产生噪声。

解决措施：将贯流风叶向右移动2mm后噪声消失。

经验总结：针对分体室内机所产生的上述异常噪声，还有几种可能产生此故障的原因。

1）固定电机压盖的螺钉松动。

2）贯流风叶左边的轴承座松脱。

3）贯流风叶左侧含油轴承裂烂或缺油。

4）贯流风叶左边轴与轴承座的橡胶摩擦。

5）贯流风叶固定螺钉松。

6）贯流风叶两端碰壳。

7）底盘变型与风轮碰撞。

8）风叶跳动过大与底盘产生碰撞。

9）风叶片裂烂。

案例 2：室内电机噪声

故障现象：室内机啸叫声。

原因分析：用户新装空调器，在试机过程中内机发出啸叫声，开始分析是风叶产生，更换风叶后噪声依旧。电机型号都为 YDK30-8A，电机分厂生产，在同一风道系统下换上江苏微特利生产的 YDK30-8-155 电机，电容换成 3.5μF 或嵊舟东方生产的 YDK30-8A 噪声消失，经对故障机进行分析发现是由于电机运转过程中产生的振幅和频率，引起箱体和风道系统共振，并对气流产生干扰所致。

解决措施：更换室内电机。

经验总结：室内机噪声一般是由风叶或电机引起，在不能确定是哪一个的问题时，可采用排除法。

案例 3：H 系列风声问题

故障现象：室内机风声。

原因分析：上门开机检查，当室内机运行时，在摆风叶摆动过程中，室内机风声会随着摆风叶的摆动而产生规律性的变化，初步分析是塑封电机或控制器问题，但更换后故障依旧。无意中按下手动摆风按键，发现风声消失，后经分析原因为：当导风板摆动时，出风口的面积随之变化，当摆动到最上部时，出风口的面积最小，出风受阻而产生“呼呼”的风声，此噪声在标准范围之内，以向用户解释为主。

解决措施：更换摩托罗拉芯片控制器。

经验总结：此声音为风声，噪声未超标，遇到此情况不要盲目的更换电机及控制器。

案例 4：风叶与隔风立板摩擦噪声

故障现象：室外机噪声。

原因分析：新装机调试时，外机发出刺耳的噪声，怀疑室外风机破损或与钣金件摩擦。打开室外机顶板，用手转动室外机风叶，未有噪声产生，后开机运行观察室外机发现风叶与隔风立板相碰产生噪声，原因为隔风立板未卡入定位槽产生位移。

解决措施：将隔风立板安装到位噪声消除。

经验总结：当室外机发出噪声时，要注意观察是属于摩擦噪声还是共振噪声或是电磁噪声，然后进行针对性处理。

案例 5：风叶固定螺钉松动产生噪声

故障现象：室内机噪声。

原因分析：用户新装空调器，在试机过程中未出现噪声，在使用 1 个月后出现噪声问题，当时维修人员怀疑是安装问题或室内风道内进有异物，打开室内机外壳检查后，未发现产生噪声的地方。在用手转动风轮时，发现风轮左右有些松动，经检查为风轮固定螺钉松动，造成风轮左右移动后与机壳接触摩擦产生噪声，经调整风轮位置，紧固风轮固定螺钉后，试机正常。

解决措施：调整风轮位置后，拧紧固定螺钉。

经验总结：若开通风都有噪声，则应重点检查风轮是否松动。

案例 6：导风板传动机构摩擦噪声

故障现象：室内噪声。

原因分析：此用户是新装机，发现室内机噪声大，安装网点多次上门检修判断是正常噪声，用户意见很大。经检查发现，导风板转动时有时会响，有时正常，调整导风板左右位置，并加上少量润滑油后，试机正常。

解决措施：调整导风板左右位置，并加上少量润滑油。

经验总结：在怀疑噪声为导风板产生时，可停止导风板摆动进行判断，而导风板噪声的主要原因有装配过紧、传动连杆有毛刺、导风板同心度不好等，要针对不同原因进行处理。

案例 7：室外电机噪声

故障现象：室外机在运行时发出吱吱的异响并且抖动。

原因分析：将压缩机断电只单独运行室外风机，异响仍存在，更换室外扇叶后无效，拆掉风叶仔细观察，异响为室外风机运转时，轴承不同芯而产生摩擦，更换室外风扇电机后异响消失。

解决措施：更换室外电机。

经验总结：简单的故障往往更容易被忽视，一般认为室外机抖动多为扇叶动平衡不良，其实室外机出风网罩的间隙不合理也是造成噪声的原因，只要认真细心，可减少误判。

案例 8：铜管振动、碰撞引起的噪声

故障现象：铜管振动产生噪声。

原因分析：开机试机运行，发现室外机振动大，打开外壳，发现压缩机运行正常，风扇电机和风扇运行正常，手触摸铜管振动大，由此证明，为铜管产生噪声。

解决措施：在铜管上加装防振胶。

经验总结：室外机配管振动一般多发生在排气管和回气管上，检测时可以用目测或用螺丝刀接触铜管，在振动最大处加上阻尼胶块或加上保温管。由配管产生的噪声表现在以下几方面：

1）铜管与压缩距离太近，压缩机启动引起配管振动，在配管处可以加保温管。

2）铜管与钣金件距离近，压缩机的振动引起配管与钣金相碰产生噪声，加阻尼胶块或保温管。

3）压缩机的振动引起铜管与铜管相碰产生噪声，加保温管隔开。

碰到这种情况要做好解释工作，不要让用户认为是空调器故障，而应是空调器新机调试。

案例 9：室外机风叶支架振动变形

故障现象：室外机运行噪声大。

原因分析：制冷过程中发现该机室外机发出“嗡嗡”声，维修人员根据经验判断声音是由室外机引起。首先打开室外机外壳，观察内部管路是否相碰，观察无相碰情况。又检查是否由压缩机本身噪声引起，发现压缩机声音也不大，怀疑由室外风机引起。关闭压缩机电源，发现声音偏大，遂更换风扇电机一只，但噪声依旧，仔细检查发现风扇支架有弯曲现象，将支架调整垂直后，安上风机试机正常，“嗡嗡”声消除。

解决措施：调整室外风机支架。

经验总结：检查噪声之类的故障应多关注附属支架及连接件的稳固性以及是否有变形等情况。

案例 10：出风网罩碰面板

故障现象：室外机噪声大。

原因分析：用户反映空调器室外机噪声大，上门检修室外机安装很水平，墙面无任何异常，用手轻触室外机顶部，噪声减轻，但没有完全消除，出风网罩发出轻微颤声。压紧或将出风网罩向外轻微拉动，噪声消除。仔细观察，发现出风网罩与前壳板之间塑胶卡扣固定处不严，与外壳间有一定间隙，这样就容易因振动而生产噪声。

解决措施：在不影响美观的情况下，将室外机出风网罩与外壳间加装小橡胶垫。

经验总结：室外噪声解决比较简单，关健找对方向，巧妙解决。

四、空调漏水维修案例

空调漏水原因多种多样，处理的时候要仔细观察，找到水的来源，然后进行针对性的处理。总的来说，漏水可以从以下几方面进行分析。

1）送风系统：如过滤网脏堵，潮湿环境下使用低风挡，风量如果偏小，室内机蒸发温度降低，蒸发器结霜甚至结冰，时间一长导致漏水。

2）排水系统：主要包括室内机前后导水槽、排水管、管道包扎、排水泵故障等，当空调器长时间使用后，导水槽、排水管都可能被脏物堵塞漏水，导水槽等因注塑原因有裂缝、连接管接头处包不好、排水管安装时被压扁都会引起漏水。

3）系统缺氟、蒸发器半堵：系统严重缺氟的情况下，冷媒在进入蒸发器时很快在靠近输入管的 2-3 根长 U 管中气化，所以蒸发器靠近输入管的 2-3 根长 U 管翅片温度较低，而其他长 U 管翅片温度接近室温，故靠近输入管的 2-3 根长 U 管翅片上会凝结大量凝结水，时间长还会结冰。在蒸发器半堵的情况下，制冷剂流量较大的长 U 管翅片温度偏低而制冷剂流量较小的长 U 管翅片温度较高，致使两个流路间温差较大，而使制冷剂流量较大的长 U 管翅片凝结大量冷凝水，并随风吹出，另因冷热空气在风道内交汇，水蒸气在风道内凝结，最后导致漏水。

4）安装问题导致漏水：主要集中在新装机上，或是冬季安装的空调器，因安装不水平或排水管、连接管接头未包扎好。

案例 1：过滤网脏堵

故障现象：内机漏水。

原因分析：在制冷模式下，开机工作一段时间后，出现水珠从正面盖板与出风口上

檐处滴下，但出风量很小，掀盖观察过滤网已被灰尘脏物堵死，因风量减小，蒸发温度降低，蒸发器结霜与脏网相连，取下滤网。再次开机，风量变大，漏水消除。

解决措施：把过滤网清洗干净，安装好，并向用户交待注意定期清洗保养。

经验总结：过滤网脏堵引起的漏水现象较多，维修后，应向用户介绍空调器的保养方法，定期清洗过滤网。另外，蒸发器结霜和系统少氟结霜容易混淆，系统少氟结霜只会在蒸发器上局部结霜，一般在蒸发器的进液端，而过滤网脏堵会造成系统的回气管（低压管）都出现结霜，在处理时应正确判断。

案例 2：低风挡室内机漏水

故障现象：出风口有水珠滴下。

原因分析：用户反应此台空调器在工作 2～3h 后有水从风口吹出来，维修工上门检查发现，用户设定用低风挡工作吹出来的是水雾气，并伴有水珠掉下。因空调器所在的房间面积在 $15m^2$ 左右，设定温度在 17℃，这样温度降低后，造成蒸发交换量减少形成冷凝露过多被吹出来。

解决措施：把低风挡转换成高风挡或自动挡，设定到 24℃，不再出现凝露。

经验总结：以上的故障实为物理因素造成，解释即可。吹出“水雾气”（雾水），在“梅雨”季节发生较多，另在南方多雨、气压低、湿度高的情况下更容易出现此故障。所以处理此类问题时，首先检查蒸发器是否脏，风轮叶片是否有灰尘，排除之后可设定高风挡，温度尽量设高点。

案例 3：导水槽脏堵导致漏水

故障现象：内机漏水。

原因分析：空调器已使用两年时间，以前未出现漏水现象，因此基本可以排除是安装问题。初步判断为排水阻塞造成，开机观察，工作时间较长后，冷凝水从背板连接管凹槽处沿缝隙流下，从外表观察室内机安装水平，清洗过滤网，拆开罩壳，蒸发器较干净，采用人工试水，蒸发器未有漏水，且排水流畅。试机后拆蒸发器时，发现水从背板（底盘）连管凹槽处流出，当把室内机取下时，发现后部导水槽内有很多沙灰堵住出水孔，使水溢出槽外，造成堵塞的主要原因是墙壁受潮变松，室内机工作共振使松脱的沙灰落入槽内所致。

解决措施：清理干净槽内的异物并用防潮塑料片隔离墙壁，防止再次落入沙灰。

经验总结：空调器室内机漏水原因多样，主要有以下几种。

1）室内机底座电机架左侧与集水槽连接的部位，由于注塑方面的原因而产生缺料，出现一条缝隙，造成漏水。

2）底座背面集水槽右端最高处，由于注塑不好有条小缝，冷凝水会顺着此缝隙漏出。

3）导风架的出水嘴处保温海绵粘贴不到位，或者保温海绵脱落，导致此处产生凝露水滴下。

4）导风板摆动设计不合理，导致导风板上产生凝露水而滴下。

解决方法：

1）第 1）种和第 2）种漏水可用玻璃胶补上缺口，或者用电烙铁把缺口烫平补上。

2）第 3）种漏水将保温海绵（38mm×36mm×5mm 中间挖孔 ϕ17mm）粘贴到位。

3）第 4）种漏水在导风架上贴一块 15mm×10mm×10mm 的 PE 海绵以顶住导风板，改变步进电机零位，消除导风板上下出风不均。

在维修前要仔细观察，认真询问用户的使用情况，不要盲目拆卸，造成多次故障。

两折式蒸发器出现漏水，因前后共有两个导水槽，后面导水槽因结构原因往往被维修人员忽视。

空调器漏水原因很多，有空调器结构上的问题、装配工艺问题、系统问题、环境及安装问题等，维修时一定要认真观察，找到水的来源，然后再进行针对性的处理。

案例 4：挡水板漏水

故障现象：室内机漏水。

原因分析：开机观察室内机风道漏水，左右两端尤其严重。此机采用四折式蒸发器，有上下两个接水槽，上接水槽在背面，蒸发器背部装有一挡水板将冷凝水导到上接水槽，冷凝水是从导水板的两端流入室内机的，原因为挡水板上两端海绵贴斜。

解决措施：调整挡水板上海绵粘贴位置，漏水排除。

经验总结：ED 系列采用四折式蒸发器，漏水原因很多，主要有以下几方面。

1）导水板未装（如果没有装导水板其现象是漏水情况非常严重，冷凝水会直接从风道中吹出或者从风道中流出）。

2）蒸发器配管角度不对。

3）蒸发器上密封海棉条脱落。

4）蒸发器与塑壳底座配合不严密。

5）导水板上海棉粘贴不正确。

在维修时，要仔细观察是哪个部位漏水，是滴水还是渗水，然后有针对性地处理。

案例 5：连接管接头处凝露漏水

故障现象：漏水。

原因分析：室内机连接管接头处产生滴水，怀疑为凝露漏水，上门检查发现室内机高、低压连接管由于接头保温效果不良导致凝露漏水。将该机连接管部位做好充分的保温、包扎，使用几天后又发现室内机中部墙壁上漏水，上门拆下机器详细检查，发现室内机高、低压连接管纳子帽附近保温套未密封好，只做了扎带缠绕表面。

解决措施：用保温套重新包扎连接管部位（用扎带多扎几圈效果更好）。

经验总结：出厂时保温套与配管长度相同，在进行室内外连接管、电源线和排水管包扎之前，一定要先量好蒸发器输出、输入管的长度差，预留出连接管的尺寸。由于保温套的伸缩性能不同，在安装过程中为达到接头处的保温效果，应将室内机接头处保温好，用扎带扎紧，以免包扎不紧在穿管道时将接头处拉松，纳子帽裸露在外产生渗水现象。另外在连接排水管时，接头处一定要用防水胶布贴好，否则易造成漏水现象。以上漏水都为安装不良造成，对于新装机漏水，一定要注意检查上述问题。

案例6：排水管压扁漏水

故障现象：漏水。

原因分析：用户反映安装新机后出现漏水现象，上门检查，室内机安装水平，墙洞上沿低于室内机下沿，室内排水管无断裂现象，后发现室外部分排水管排水量小，室内机也漏水，怀疑是排水管不畅。因是新机，不存在排水脏堵、老化现象，最后发现包扎管道时，排水管包扎在下面，出墙时排水管被压在底部，引起排水不畅，产生漏水。

解决措施：重新调整排水管位置，问题解决。

经验总结：安装时要注意细节，安装完毕后要做排水试验。

案例7：排水管包扎不严凝露水

故障现象：空调器运行半小时后，室内侧的外接排水管上布满冷凝水造成漏水。

原因分析：用户新装空调KF-23GW/I1Y室内机漏水，经开机检查发现机器运转半小时后，在室内侧部分的长约2m左右的外接排水管表层布满水珠。该办公楼靠近江边，环境湿度很大，房间明显偏大且封闭性差，导致空调器内侧排出的冷凝水很多，因外接排水管仅包扎了很薄的一层包扎带致使空气在外接排水管外壁冷凝，产生很多冷凝水珠。

解决措施：在外接排水管外壁增加隔热保温海绵并重新包扎。

经验总结：在南方湿度大的地区，隔热保温海绵的包扎一定要到位。

案例8：排水管破漏水

故障现象：内机漏水，开机一段时间室内机有较大量的水排出，但室外排水管没有冷凝水排出。

原因分析：造成漏水的原因主要是室内机与接水盘连接的排水管和附件所配的外接排水管在安装时被损坏或在使用过程中被破坏。

安装时损坏的原因有以下几种。

1）排水管在穿出室内机（特别是柜机）时由于外箱钣金件过于锋利，没有翻边或其他保护，造成割破排水管。

2）室内外连接管与排水管在穿墙时，由于墙打的孔不够大，强行穿出而使排水管被刮破。

3）其他原因有排水管本身的质量较差，管壁太薄、与接水盘连接的排水管质量差、漏冷凝水使表面凝露造成漏水或者老鼠咬破排水管造成漏水等。

解决措施：更换破损的排水管，检查排水管破损处是否有再次造成排水管破损的因素并采取适当的保护措施。

经验总结：在安装空调器时针对易使排水管破损的各环节应严加注意和防范，安装时尽可能做到细心操作，不可野蛮作业。

案例9：系统缺氟造成漏水

故障现象：空调器运行一段时间后漏水，蒸发器翅片有结霜或结冰现象。

原因分析：用户反映室内机漏水，到现场开机运行 10min 后发现室内机风轮开始吹水，拆开面板框发现蒸发器靠近输入管有 2-3 根长 U 管翅片很冷且冷凝水较多，而其他蒸发器翅片无明显凉意。重新开机，再按原来的制冷模式继续运行 20 多分钟，发现蒸发器靠近输入管附近翅片上有轻微结霜、结冰现象，用压力表测系统压力，系统压力很低为 0.3MPa，可以判断系统严重缺氟。在系统严重缺氟的情况下，冷媒在进入蒸发器时很快在靠近输入管的 2-3 根长 U 管中气化，所以蒸发器靠近输入管的 2-3 根长 U 管翅片温度较低，而其他长 U 管翅片温度接近室温，故靠近输入管的 2-3 根长 U 管翅片上会凝结大量凝结水，并随风吹出，再过 20 多分钟后蒸发器翅片便出现结霜或结冰现象。

解决措施：检查漏点，发现连接管与低压阀体连接处偏位导致螺母锁合位出现漏氟现象，重新连接并锁紧，重新抽空，加雪种（空调制冷剂的俗称）后试机正常。

经验总结：对于空调器室内机漏水问题，在排除室内机换热系统方面漏风的情况后，可用手触摸不同流路的换热器感知温差的方式，初步判断是否存在明显温差，进而判断是否是系统问题造成内部凝露（一般来说，系统问题造成漏水从表现情况来看为风道内部产生细细的水珠，同时风轮叶片上也明显可见水珠）。

案例 10：蒸发器半堵漏水

故障现象：空调器运行一段时间后漏水。

原因分析：用户反映空调器运行一段时间后室内机漏水，到现场开机运行 20min 后发现室内机开始吹水，拆开面板框发现蒸发器有几根长 U 管翅片很冷且冷凝水较多，而其他蒸发器翅片无明显凉意。初步判断为系统缺氟，用压力表测系统压力，系统压力正常。过段时间后又发现那几根长 U 管翅片上开始大量挂水，将手放在出风口，可明显感觉有水吹出。观察挂水的长 U 管发现其为一个流路，用手触摸蒸发器翅片，发现两流路长 U 管翅片间温差较大，通过以上现象可以判断蒸发器半堵，造成雪种偏流。在蒸发器半堵的情况下，雪种流量较大的长 U 管翅片温度偏低而雪种流量较小的长 U 管翅片温度较高，致使两个流路间温差较大，而使雪种流量较大的长 U 管翅片凝结大量冷凝水，并随风吹出。

解决措施：与用户协商更换蒸发器后故障排除。

经验总结：对于因焊堵或半堵系统偏流换热器而凝露造成的漏水较好判断：整个风道内部均布满细细的水珠，同时风轮叶片上也明显可见水珠。

课后练习

实践操作题

1. 更换空调器干燥过滤器。

1）正确卸掉旧的干燥过滤器。

2）正确安装新的干燥过滤器。

3）用气焊进行连接。

2. 更换空调器压缩机。

1）正确使用气焊完成点火、拆焊、焊接操作。

2）焊接工艺良好不漏气。

3. 更换空调器电磁四通阀。

1）正确拆卸旧的四通阀。

2）安装新的四通阀。

3）四通阀位置、方向要准确。

4. 空调器系统保压检漏。

1）正确使用三通修理表阀及氮气减压阀。

2）充注氮气压力正确。

3）检漏方法正确，无漏检情况。

5. 空调器系统抽真空、充注制冷剂。

1）三通修理表阀使用正确。

2）真空泵使用正确。

3）充注制冷剂压力正确。

6. 对空调器管道泄漏进行维修。

1）截断漏点铜管，放掉制冷剂，若为室内机进行室外机回收制冷剂操作。

2）取一段相同管径的铜管两端扩杯形口。

3）焊接。

7. 空调器压缩机的检测。

根据现场提供的压缩机选择空调器压缩机，并用万用表判断压缩机的绕组；压缩机绕组判断测量数据（绕组编号参考图 7.4）。

R_{12}=____；R_{13}=____；R_{23}=_____。

结论：1 为________端；2 为________端；3 为________端。

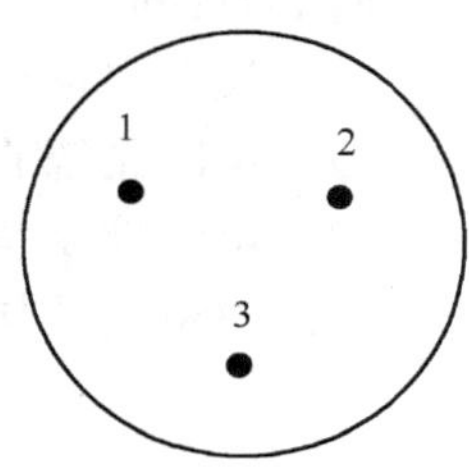

图 7.4　题 7 图

学习单元八

简易空调器的制作

本单元的主要内容为制作一个简易的空调器实训模型，要求此模型具有制冷功能。本项目将涉及制冷工、钳工、维修电工等多种实际操作技能，是一个多工种、多技能相融合的工作过程。通过本单元的学习，学生可以在掌握多种实际操作技能的同时，进一步加强对空调器制冷设备部分理论知识的理解与运用，进而达到职业水平与专业能力综合强化的目的。

1．设备定位与安装。
2．制冷系统的连接。
3．电气控制系统的连接。
4．整机调试与试运行。

项目一　设备定位与安装

任务书

- 在1000mm×800mm的电木板上确定本项目所用到的压缩机、冷凝器等设备的安装位置，并进行固定。

在本项目实施的过程中，需要注意以下几点：

1）安装前请测量各设备的外形尺寸，以便于合理的确定安装位置。
2）尽量保证整体的美观性及实用性。
3）制作出来的成品要便于调试、维修等。

一、主要设备参数

简易空调器的制作使用的主要设备和参数如表8.1所示。

表8.1　主要设备相关参数

序号	设备名称	主要参数		
		型号	制冷量	制冷剂
1	压缩机	万胜QD47	307W	R134A

续表

序号	设备名称		主要参数	
2	冷凝器		配用电机功率	外形尺寸（长×宽×高）/mm
			25W	320×100×230
3	断路器	型号	额定电流	额定电压
		DZ-47L-E	10A	220V
4	蒸发器	型号	换热面积	
		LL-SK1965	0.2m^2	
5	温控器	型号	控温范围	
		F2000	-30～30℃	

二、准备工作

在进行简易空调器的实际安装前，需要进行如下准备工作。

1. 测量设备尺寸

测量需要固定在电木板上的各设备的尺寸，并填写在表 8.2 中。

表 8.2　各设备实测尺寸

序号	设备名称	实测尺寸/mm
1	压缩机（长×宽×高）	
2	箱体（长×宽×高）	
3	冷凝器（长×宽×高）	
4	温控器（长×宽）	
5	干燥过滤器（长×宽）	
6	断路器（长×宽）	
7	接线端子（长×宽）	
8	电线线槽（宽）	

注：空调器箱体内含与之配套的电灯泡、毛细管。

2. 确定安装位置

在 1000mm×800mm 的电木板上确定空调器压缩机、冷凝器等设备的安装位置，并根据设备实际尺寸，在图 8.1 所示的电木板示意图上做好各设备安装位置的标记。

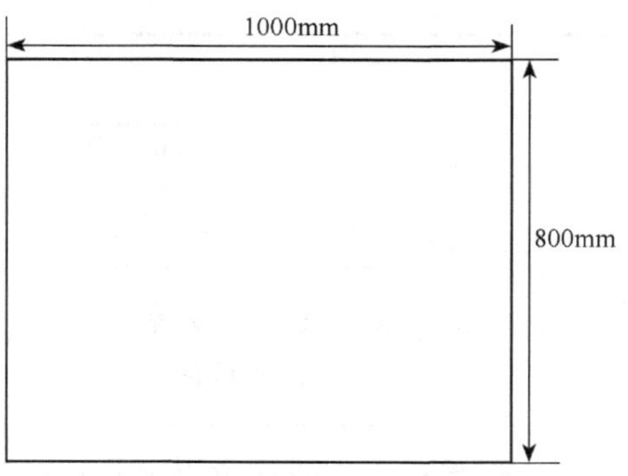

图 8.1　各设备安装位置示意图

三、工作计划及任务记录

准备工作完成之后，根据所设计的安装位置即可进行设备的安装固定工作，请制定如表 8.3 所示的详细工作计划并根据计划进行实施。

表 8.3　设备定位与安装工作计划

项目：　　　　　　　　　　　　　　任务：

序号	工作内容	工具清单	计划工作时间	实际工作时间

姓名：

日期：

四、项目评价

设备安装与定位的评价标准如表 8.4 所示。

表 8.4　设备定位与安装评价表

项目：　　　　　　　　　　　　　　任务：

序号	检查标准	配分	得分	备注
1	整体的美观性	20		
2	整体的实用性	30		
3	工作过程的安全性	30		
4	工作过程中的职业素养	20		

姓名：

日期：

项目二　制冷系统的连接

任务书

- 根据设备的定位与安装情况，加工各连接铜管，进行制冷系统的连接，完成空调器制冷系统的制作。

在操作过程中需注意以下几点：

1）为了便于安装与拆卸，所有接口均使用喇叭口进行连接。

2）割管、弯管、扩口等铜管的加工操作均需使用专用设备，并严格按照操作流程进行操作。

3）各铜管的制作要保证横平竖直，不可随意弯曲，并在此基础上遵循弯头最少，路径最短的原则。

4）管路制作完成后，在安装之前要进行吹污操作。

一、空调器制冷系统示意图

空调器制冷系统的连接按照图 8.2 所示示意图进行。

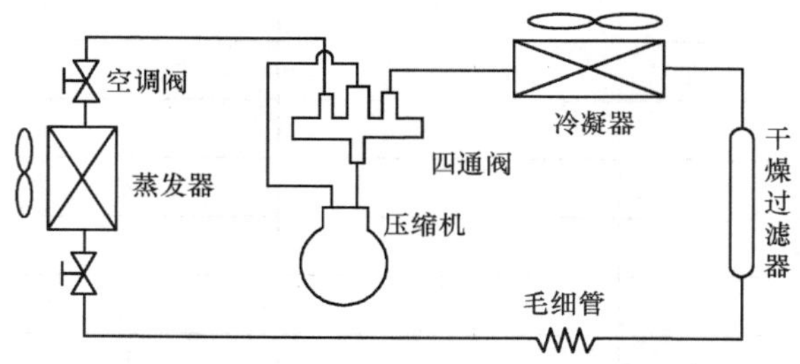

图 8.2　空调器制冷系统连接示意图

二、准备工作

在进行实际连接前，需进行如下准备工作。

（1）确定连接位置

各设备均已在电木板上安装完成，在进行铜管的加工与制作之前，需要明确每段管路的连接位置，根据设备的定位情况，在图 8.3 上绘制出所需要制作的制冷剂连接管路。

（2）计算管长

确定好连接管路之后，根据设备的实际安装位置设计管路走向（注意避免管路之间的直接交叉），并计算每段管路的长度记录在表 8.5 中。

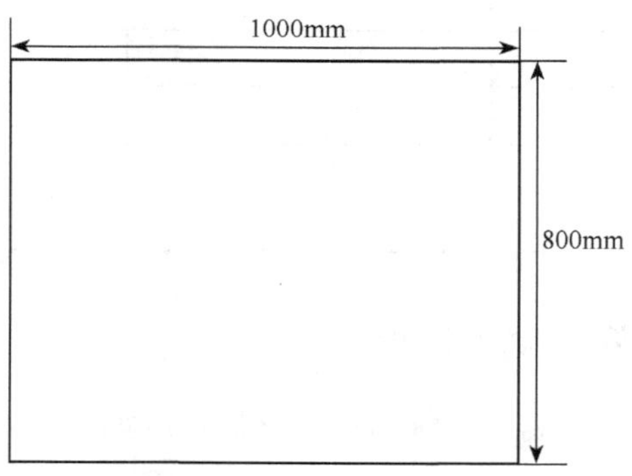

图 8.3　制冷剂连接管示意图

注：首先绘制出各设备在电木板上的安装位置，再绘制制冷剂连接管，各设备在电木板上的位置以所完成的实际安装位置为准

表 8.5　制冷剂连接管路长度计算

序号	连接位置	管长的计算公式
1		
2		
3		
4		
5		

注：连接位置为实际设备之间连接口的位置，如“压缩机出口与四通阀”。

三、工作计划及任务记录

准备工作完成之后，即可进行管路的加工与制作，请填写表 8.6 制定详细的工作计划并根据计划进行实施。

表 8.6　制冷系统的连接工作计划

项目：　　　　任务：

序号	工作内容	工具清单	计划工作时间	实际工作时间

姓名：

日期：

四、项目评价

制冷系统的连接评价标准如表 8.7 所示。

表 8.7　制冷系统的连接评价表

项目：　　　　任务：

序号	检查标准	配分	得分	备注
1	连接管的美观性	20		
2	连接管设计的合理性	20		
3	操作过程中工具使用的正确性	20		
4	整个项目完成的效果	30		
5	工作过程中的职业素养	10		

姓名：

日期：

项目三　电气控制系统的连接

任务书

- 根据设备的定位与安装情况，对空调器电气控制系统进行连接。

在本项目实施的过程中，需要注意以下几点：

1）各电气元件或设备在连接前需要用万用表进行初步检测，确保各参数正常后再进行连接。

2）电气电路的连接要做好绝缘工作。

3）电路之间的连接要使用电烙铁沾锡焊接。

4）电路连接完成后，需经老师允许之后，学生才能自己进行试机。

5）电路连接需美观，在线槽内进行走线。

一、空调器制冷系统示意图

本项目的电气控制系统的连接按照图 8.4 所示电路进行。

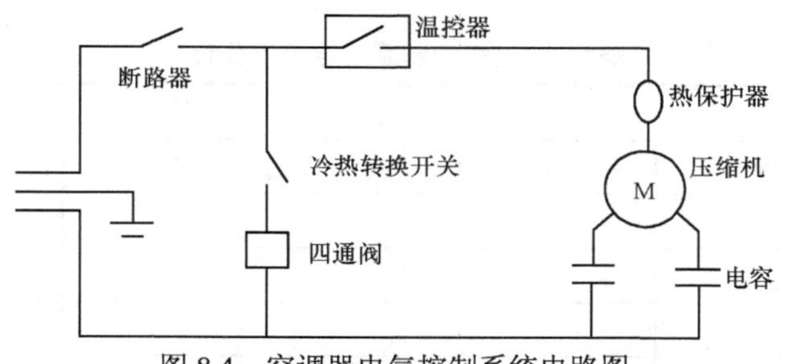

图 8.4　空调器电气控制系统电路图

二、准备工作

在进行本项目设备的实际连接前，需进行如下准备工作。

（1）绘制接线图

本项目用到的电气设备或元件有压缩机一台（含热保护器）、温控器一个、断路器一个、接线端子一个、冷热转换开关一个、四通阀一个、冷凝风机一个、蒸发器风机一个、电容一个。在项目一中各设备均已安装完毕，请在图 8.5 中绘制电气接线图。

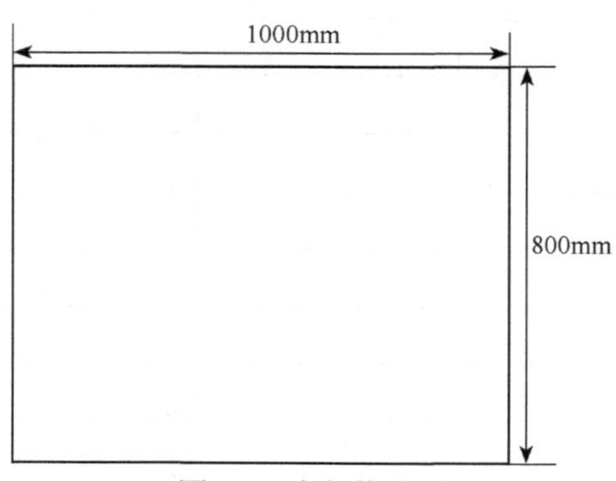

图 8.5　电气接线图

注：首先绘制出各电气设备在电木板上的安装位置（包含线槽的位置），再绘制接线图。

（2）检测各元器件

在进行电路连接之前需进行各电气设备或元件的初步检测，请根据表 8.8 进行检测并填写相关数据。

表 8.8　电气设备或元件的初步检测

序号	元器件名称	数据记录
1	压缩机	CM 阻值＝_____；　CS 阻值_____；　MS 阻值_____
2	蝶形保护器	通断情况：　□通　□断
3	温控器	室温下的通断情况：　□通　□断
4	电容	□正常　□损坏
5	四通阀线圈	阻值＝_____
6	冷热转换开关	□正常　□损坏
7	冷凝风机	阻值＝_____
8	蒸发器风机	阻值＝_____

三、工作计划及任务记录

准备工作完成之后，即可进行电气控制系统电路的连接工作，请填写表 8.9 制定详细的工作计划并根据计划进行实施。

表 8.9　电气控制系统连接工作计划

项目：　　　　　　　　　　　　　　　　任务：

序号	工作内容	工具清单	计划工作时间	实际工作时间

姓名：

日期：

四、项目评价

电气控制系统的连接评价标准如表 8.10 所示。

表 8.10　电气控制系统的连接评价表

项目：		任务：		
序号	检查标准	配分	得分	备注
1	电路连接的美观性	20		
2	电路连接的正确性	30		
3	整个项目完成的效果	30		
4	工作过程中的职业素养	20		
		姓名：		
		日期：		

项目四　整机调试与试运行

任务书

- 在前边三个项目中，整个系统已经安装与连接完成，本项目需要对整个系统进行吹污、保压检漏、抽空、充注制冷剂及试运行操作。

在本项目实施的过程中，需要注意以下几点：

1）制冷系统连接完成后，可进行系统吹污与保压，即本项目部分内容可与电气系统的连接同时进行。

2）必须使用干燥的氮气进行吹污，不准使用压缩空气。

3）保压时间不少于 24h，抽空时间不少于 20min。

4）检漏过程中注意不要落下任何漏点。

5）经过老师的检查后方可开机充注制冷剂。

一、工作计划

准备工作完成之后，即可进行整机调试与试运行工作，请填写表 8.11 制定详细的工作计划并根据计划进行实施。

表 8.11　整机调试与试运行工作计划

项目：		任务：		
序号	工作内容	工具清单	计划工作时间	实际工作时间

续表

项目：		任务：		
序号	工作内容	工具清单	计划工作时间	实际工作时间

姓名：

日期：

二、工作记录

请在工作过程中，根据表 8.12 进行相关的工作记录。

表 8.12　整机调试与试运行工作记录

序号	工作内容	使用工具	操作方法（可另附页）	数据记录
1	系统吹污			吹污压力：
2	系统保压			实验压力：
				保压后压力：
				保压时间：
3	系统检漏			
4	抽真空			真空度：
				抽空时间：
5	充注制冷剂			压缩机回气压力：
6	系统试运行			整机运行电流：

注：整机运行电流为系统开机正常运行至少 20min 后的实测电流。

三、项目评价

整机调试与试运行的评价标准如表 8.13 所示。

表 8.13　整机调试与试运行评价表

项目：		任务：		
序号	检查标准	配分	得分	备注
1	调试过程操作的正确性	40		
2	工作记录的完整性与真实性	20		
3	整机运行效果	20		
4	工作过程中的职业素养	20		

姓名：

日期：